U0256837

水光肌养成记

王　宇◇编著

青岛出版集团 | 青岛出版社

图书在版编目（CIP）数据

水光肌养成记 / 王宇编著. — 青岛：青岛出版社,
2022.9

ISBN 978-7-5736-0150-6

Ⅰ. ①水… Ⅱ. ①王… Ⅲ. ①皮肤—护理 Ⅳ.
①TS974.11

中国版本图书馆CIP数据核字（2022）第057298号

SHUIGUANGJI YANGCHENG JI

书　　名　水光肌养成记

编　　著　王　宇
出版发行　青岛出版社
社　　址　青岛市崂山区海尔路182号（266061）
本社网址　http://www.qdpub.com
邮购电话　0532- 68068091
策划编辑　周鸿媛　王　宁
责任编辑　曲　静
特约编辑　宋　迪
装帧设计　尚世视觉　三文屿文化传播
制　　版　青岛乐道视觉创意设计有限公司
印　　刷　青岛海蓝印刷有限责任公司
出版日期　2022年9月第1版　2022年9月第1次印刷
开　　本　32开（890毫米 × 1240毫米）
印　　张　5.25
字　　数　140千
书　　号　ISBN 978-7-5736-0150-6
定　　价　48.00元

编校印装质量、盗版监督服务电话　4006532017　0532-68068050

前言

护肤是场修行。在这个过程中，你可以对皮肤进行一次全面而深入的剖析，从而更加了解自己的皮肤。正确的护肤可以让你散发出不同于常人的光彩，让你的生活更有情调。

我们的皮肤曾经很完美，但是很多人被一些错误的护肤方法误导，久而久之，皮肤出现了各种各样的问题。于是，护肤小白痛定思痛，决定好好学习护肤知识，但是却被很多专业名词搞得一头雾水。其实，护肤没有那么高深莫测。

我是一个非常喜欢护肤和研究护肤品的人，也曾经陷入一些护肤误区，走过一些弯路。俗话说，把时间花在哪里，收获便在哪里。所以，这几年我虽然在护肤的道路上跌跌撞撞，却乐此不疲，逐渐从一个护肤小白变成了护肤达人。

我们常用“剥了壳的鸡蛋”来形容完美无瑕的皮肤，并羡慕不已。但这无瑕、有光泽的皮肤，离不开护肤达人深入的理论研究和细致的防护，这些努力往往不为人所知。这世上难的不是你会做多少事，而是把一件事做到极致。

有的人没有勤勤恳恳地护肤，甚至仗着年轻一直在“作”，结果皮肤加速衰老，失去光彩，这不难理解。可还有一些人，将护肤当作每天的必修课，甚至把它看成是与呼吸一样重要的存在，花费了大量的时间和金钱在护肤上，仍然没有收获好的效果。这又是为什么呢？为什么大家护肤的效果千差万别呢？

每个人的皮肤都和他的容颜一样是独一无二的，有不同的属性。我们首先要对自己的皮肤有一个正确的认知，只有了解皮肤，读懂皮肤，和皮肤做朋友，细心呵护它，善待它，才能做到肤若凝脂。

也许我没有特别专业的医学知识分享给大家，但是，作为一个“过来人”，我拥有丰富的护肤经验和心得体会。我认为晦涩难懂的理论知识可能并不能解答护肤小白的种种困惑。因此，我化繁为简，采用漫画的形式和诙谐幽默的语言，将护肤以简单易懂的形式展现给读者。

在本书中，我用水煮蛋代表完美的肌肤，并用形形色色的蛋代表一些典型的皮肤类型：粉嫩的婴儿肌就是初生蛋；充满阳光的青春期少女的肌肤是温泉蛋；干燥又脆弱敏感、需要特殊护理的是蛋壳；面部有斑点的是鹌鹑蛋；脸色暗沉、有皱纹的是虎皮蛋；用奢侈护肤品护理皮肤的是贵妇蛋；皮肤油腻，又总是和痘痘纠缠的是八宝蛋。她们的一个共同目标就是拥有水煮蛋那种光滑、紧致、饱满的肌肤。

希望我的分享可以帮助到和我一样喜欢护肤的人，帮大家避雷绕坑。

王宇

2022 年 8 月

全蛋家族介绍

初生蛋

我就是你们最初的样子。我拥有吹弹可破，如出水芙蓉般清透的皮肤，这样的皮肤你们未必记得却一直憧憬。

温泉蛋

我肤若凝脂、唇若点樱，就是你们口中的瓷娃娃。但是，对于护肤我一刻也不放松。

水煮蛋

我的故事不留于脸庞，只留在心间。经历过岁月洗礼，我依然拥有紧致透亮的肌肤，时刻绽放着光彩。

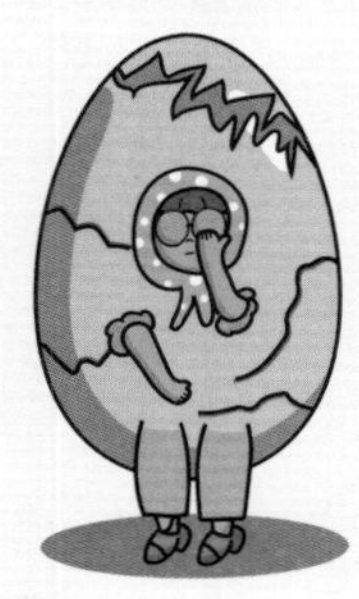

蛋壳

脆弱敏感的我，害怕忽冷忽热的天气，害怕季节交替，需要精心呵护。

无论年轻与否，斑点始终“追随”着我，紫外线总能在我身上留下痕迹，我不想做“斑斑美女”，美白是我的终身使命。

鹌鹑蛋

岁月的洗礼全写在了我的脸上：出卖年龄的眼部肌肤、暗黄的肤色……紧致的轮廓早已离我而去。如果我能重拾一些青春的影子亦是极好的。

虎皮蛋

我布满粉刺和痘印的脸庞，让我忘却了当年我也是一只光洁无比的水煮蛋。再白皙的肤色也掩盖不了表面的斑驳。谁能告诉我怎么样才能摆脱痘痘？

八宝蛋

追求精致生活的我总喜欢把自己当成公主一样来呵护，是否含有珍贵的成分是我判断护肤品优劣的主要标准。

贵妇蛋

目录

第1章　那些你忽略的护肤日常

第2章 无死角素颜是怎样炼成的

第3章 问题肌的救赎

第4章 护肤里的真诚与套路

第1章

那些你忽略的护肤日常

洗净铅华

洁面产品和卸妆产品不是孪生兄弟

江湖盛传，卸妆产品和洁面产品是一对大同小异的孪生兄弟。此言差矣。水煮蛋认为，它们更像一对性格迥异却互相扶持的夫妻，虽然在护肤大家庭中承担不同的责任，但也有共同的目标。

我们先来谈一谈这对夫妻的“目标一致”吧。

皮肤中的皮脂腺会分泌很多油脂，这些油脂也被称为皮脂，面部与外界环境接触时，空气中的尘埃会和皮脂混合，附着在面部。按时清理面部肌肤，确保面部肌肤清洁，是卸妆产品和洁面产品共同的目标。

卸妆产品和洁面产品也有不同之处，首先，它们的分工有所不同。

卸妆产品主要用于卸除彩妆，它可以溶解彩妆，以防毛孔堵塞。洁面类产品虽然同样有预防毛孔堵塞的作用，但它的主要作用是清除皮肤表面的多余皮脂和污垢等。因此，在没有化妆的情况下，通常只需要洁面产品上阵。

洁面产品形式众多，让我们一一来认识一下。

洗面奶　市面上最常见的洁面产品，质地为乳状，加水后可以揉出泡沫。洗面奶中有适合各种肤质的产品，相信你能找到最适合自己的那一款。

洁面慕斯　这类产品的瓶身有一个按压式的泵头，轻轻按压泵头便可压出丰富的泡沫。通常情况下，这类产品肤感非常柔和，用后皮肤会感觉水润光滑，尤其适合干性肌肤的人使用。

洁面凝露　也是比较常见的洁面产品，质地比较稀薄，呈果冻状，使用时泡沫较少。这类产品的清洁力适中，性质较温和，适合角质层较薄的人使用。

洁面粉　又称洗颜粉，外观呈粉末状，加水后可以揉出细腻的泡沫。这类产品不含水，使用和携带都很方便，最大的优点是不易滋生细菌。

洁面皂　市面上优质的洁面皂早已摘掉了“碱性强”“伤皮肤”的帽子，并且拥有绝佳的清洁力，尤其适合油性肌肤的人使用。

其次，卸妆产品和洁面产品的使用方法也不同。

卸妆产品大部分需要干手干脸操作，而洁面产品则大多需要先湿润面部再使用。所以，它们看起来相似，却是两种不同的东西，有点儿像榴梿和波罗蜜。

在化了妆的情况下，一般先使用卸妆产品去除彩妆，再用洁面产品清洁面部肌肤。但如果你的角质层较薄，为了避免过度清洁伤害肌肤，你可以用清洁力稍强的洁面产品（如卸妆洁面二合一产品）直接清洗，从而达到一石二鸟的效果。但是，卸妆洁面二合一产品的效果毕竟不如专门的卸妆产品，化了浓妆时，这类产品就不容易将彩妆彻底卸干净，这时候依然建议先使用卸妆产品再使用洁面产品。

“清水洗一切”真的好吗?

解答这个问题之前，我们先来明确一组概念：皮肤屏障和屏障受损。狭义的皮肤屏障通常就是指皮肤最外面的角质层。此外，皮肤上的皮脂膜也能发挥屏障功能。皮肤屏障能够阻止皮肤水分流失，抵御物理、化学损伤等。当你持之以恒地瞎折腾皮肤(例如过度清洁)，导致角质层变薄或破损，皮肤出现锁不住水分也抵抗不了外界侵害的状况，就称为屏障受损。

大概是了解到过度清洁可能导致皮肤屏障受损，坊间开始流传清水洁面法。把洗面奶和清洁面膜扔了，坚持“清水洗一切”是不是就万事大吉了呢?事实上，这又犯了以偏概全的错误。

清水洁面法是清洁方式的一种，但并非万能法宝。清水的清洁力没有那样好，它只能洗掉汗水、灰尘等。因此，清水洁面法适合敏感肌和在进行“肌断食”的人使用，而且一般只适合在清晨使用。为什么在晚间不适合只用清水洗脸呢?因为经过一天的风吹日晒后，面部皮肤上往往会积累很多脏东西，比如皮脂和灰尘混合形成的污垢、空气污染物等，清水无法完全去除这些东西，长此以往，这有可能会导致面部肌肤清洁不彻底，从而造成毛孔堵塞。

如果你是脆弱敏感的蛋壳，没有粉刺等肌肤问题，面部肌肤也很少出油，那么你可以在晨间选择只用清水洁面。如果你是有毛孔堵塞困扰的问题蛋，早上起床后面部肌肤较油腻，建议不要只用清水洗脸，而是要选择温和的氨基酸类洁面产品。所以，认清自己的肤质类型很重要，适合自己的才是最好的。

我早上都是用清水洗脸，只有晚上才用洗面奶，还是氨基酸产品。

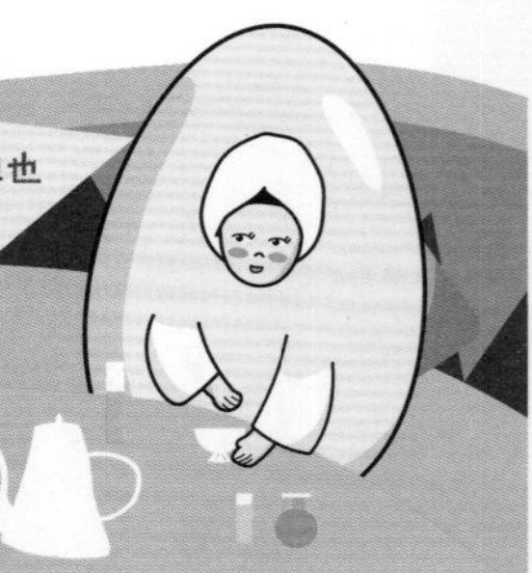

氨基酸洁面产品虽然温和，但也不是万能产品。如果化了妆，晚间可以用卸妆洁面二合一产品代替洁面产品。

过犹不及，清洁也可以是伤害

适度清洁是一个比较难把握的原则，既要洗干净，又不能过度清洁，更不能不清洁。在洁面的世界里，经常出现过犹不及的情况。“二次清洁”就是许多新手的护肤误区。有人宣称二次清洁是粉刺的杀手，殊不知，它往往会导致过度清洁，更容易给粉刺留下可乘之机。

无论是脆弱敏感的蛋壳，还是肌肤健康的水煮蛋，都不要过度迷恋去角质给肌肤带来的短暂光滑感。如果你的肌肤较脆弱，角质层薄，去角质和磨砂类产品会让你的肌肤问题雪上加霜；而如果你拥有健康的角质，就更不需要使用这类产品。角质层正常的代谢周期通常是 28 天，老的角质细胞会自动分离脱落，一般情况下，我们并不需要通过外力刻意地帮助角质层完成自我蜕变的过程。同时，角质层也是一把双刃剑。虽然厚的角质层会让肌肤显得粗糙，但正是这层不够细嫩柔软的角质层承担了守卫肌肤、防止外敌入侵的责任，让里层肌肤免受侵害。因此，建议尽量减少使用去角质、磨砂类的产品的次数，非必要不使用。

我们的肌肤虽然有一定的自我调节能力，但这种调节能力是有限的，经受不起外界的长期摧残。洗脸时不要过度摩擦面部肌肤，大力不会出奇迹，只会伤害柔弱的肌肤。为了减少摩擦，擦脸时可以把洁面巾打湿，以轻轻按压的方式吸掉脸上的水分。

还有我们豪掷千金买下的美容仪，如果使用不当就会损害角质层，破坏皮肤屏障，变成伤害皮肤的利器。所以，不但要把钱花在刀刃上，还要掌握正确的使用方法。这就好比我们千辛万苦寻觅到一把绝世宝剑，如果不知道用剑的心法口诀也无法练成绝世武功。

水煮蛋自从尝到了适度洁面的甜头——既可以减少肌肤的颗粒感又可以保持肌肤健康，便一直保持这个习惯。对一只自律的蛋而言，颗粒感是痘痘的预兆，要把它扼杀在摇篮里。

清洁"秘籍"未必不可言传

护肤本身不是一件一劳永逸的事情，我们的肌肤会因季节的交替、环境的改变呈现出不同的状态，因此，我们要根据自身的肌肤状态灵活挑选合适的护肤品。在选择洁面产品时也要具体情况具体分析，但有些清洁的原则是不变的。

1. 先洗手再洁面

手上的细菌往往比脸上的更多，如果直接用大脏手去洗脸，而这时的皮肤状态又比较差，可能会导致皮肤长痘或者出现其他问题。因此，洗脸前要先洗干净手。

2. 用温水洗脸

最适宜洗脸的水温一般是 35 ~ 37℃，如果水是流动的，清洁效果会更好。

过冷或过热的水都会引起面部毛细血管收缩或者扩张，长期用冷水或热水洗脸可能会引发皮肤问题。至于很多人道听途说的冷热水交替洗脸的方法，拜托了，听听就算了吧，别拿自己的皮肤做试验，让我们的毛细血管歇一歇吧！这种方法容易造成肌肤敏感，角质层薄的朋友不要轻易尝试。

对皮肤来说，热水尤其危险。过热的水会软化角质、伤害角质层，久而久之，肌肤可能出现毛孔粗大、干燥、老化等可怕的问题。而冷水虽然能使毛孔短暂的收缩，但也不宜长期使用。这是因为对干性肌肤的人来说，冷水会刺激毛细血管收缩，使皮脂分泌减少，这可能会导致皱纹的产生。对油性肌肤的人来说，冷水不能洗掉多余的皮脂、污垢等，这可能会导致毛孔粗大，甚至引发痤疮。我们的肌肤没有坚硬的外壳，它是去掉外壳的蛋，不要反复刺激它，不要让完美的水煮蛋变成问题蛋，更不要让问题雪上加霜。

3. 照顾到边边角角

发际线和下颌部位的皮肤皮脂分泌也比较旺盛，洗脸时一定要照顾到这些部位，不能只洗脸颊。

4. 关照 T 区

T 区包括额头、鼻子及鼻翼两侧的区域，形状像大写字母“T”，是容易出油的区域。要将洗面奶重点涂在这些部位，脸颊部分轻轻带过即可。

5. 擦脸的工具要讲究

如今，我们对毛巾的要求越来越高，大家尤其喜欢柔软亲肤的长绒棉，但是这种质地的毛巾吸水性强，且不易晾干，很容易藏匿细菌。潮湿阴暗的环境是细菌的温室，在这种环境下，细菌的繁殖速度完全超乎我们的想象。因此，擦脸的毛巾要与其他毛巾分开，且应勤洗勤换，洗完后的毛巾要彻底晾干并杀菌（如在太阳光下暴晒）。有条件的话推荐用一次性洁面巾代替毛巾，干净又卫生。

6. 洁面后做好补水和保湿工作

无论什么季节，洗脸后都应该做好补水和保湿工作。

水煮蛋的洁面步骤

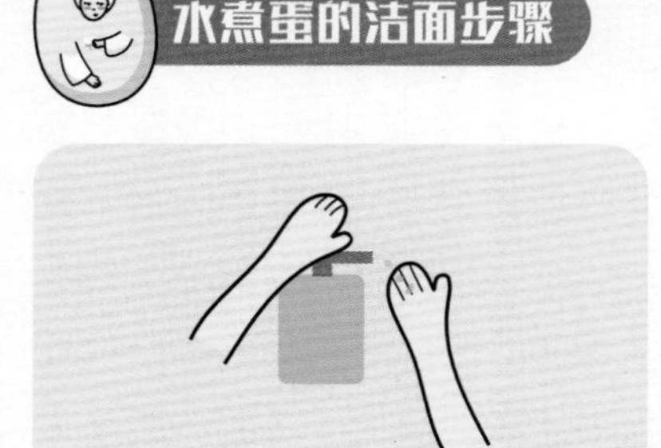

1 先用洗手液洗手。

2 用温水打湿面部，取适量的洁面产品于掌心，加少许温水，双手揉搓，打出丰富的泡沫（可以借助起泡网）。

3 按照先 T 区，再 U 区的顺序清洗。重点清洗皮脂分泌旺盛的额头、鼻子等部位，再轻轻画圈带过脸颊、眼周和唇周，最后揉搓发际线和下颌部位。动作一定要轻柔。

4 用温水洗掉泡沫。要仔细清洗，避免发际线、下颌等位置有洁面产品残留。

5 用毛巾或洁面巾轻轻擦拭或按压面部，以吸收多余水分，一定不要反复摩擦或重重按压皮肤。

氨基酸洁面产品的清洁力和刺激性较弱，皂基洁面产品的清洁力和刺激性较强，我们似乎很难找到一款清洁力适中，刺激性又相对较弱的产品。基于此，复配两类表面活性剂的产品应运而生，它将不同性质的表面活性剂混合在一起，这往往会起到协同增效的作用。这类产品融合了氨基酸洁面产品和皂基洁面产品的优点，清洁力较强，刺激性较弱，又有绵密的泡沫，似乎满足了大家对优质洁面产品的所有幻想。

我早上用氨基酸洁面产品，晚上用皂基洁面产品，完美！

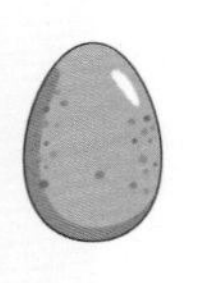

大多数痘痘肌都不适合用皂基洁面产品，皂基的清洁力太强，反而会刺激肌肤分泌过多的皮脂。晚上用卸妆产品卸掉脸上的彩妆和防晒产品，再用清水洗干净就可以了。早上用不用洗面奶，也要看情况。

可是我曾经因为清洁不彻底，导致毛孔堵塞，最后长了满脸的痘痘。

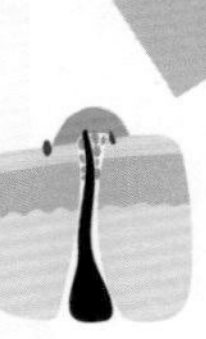

不能因为长痘痘了，就过度清洁，如果把皮肤屏障破坏了，皮肤可就“万劫不复”了。

水煮蛋推荐产品
适合干性肌肤使用的洁面产品

芙丽芳丝净润洗面霜

这是一款低泡的氨基酸类洁面产品，含有椰油酰甘氨酸钾、烟酰胺和六种植物提取物等成分，不含皂基类成分，也不含防腐剂和香精。烟酰胺除了人尽皆知的抑制黑色素沉着的功能，还能维持肌肤含水量，促进真皮层微循环。这款洗面霜虽然没有绵密的泡沫，看起来一副温柔的样子，但清洁力一点儿也不逊色，是一款出色的晨间洁面产品。

安妍科氨基酸泡沫洁面乳

它采用了自发泡技术，按压两泵，将膏体均匀涂抹在脸上，30秒左右后即可自动起泡。它的泡沫相对较薄，但清洁力并不逊色。它含有一定量的具有抗炎消肿作用的菠萝蛋白酶和有抑菌作用的辛酰甘氨酸，总体来看，成分较为温和、安全。

SK- II舒透护肤洁面霜

这款产品具有清洁肌肤和调理肌肤的双重功效。它采用了较为温和的表面活性剂，但清洁力并不弱。这款含有半乳糖酵母样菌发酵产物滤液和椰油酰胺 MEA 的产品，不但可以清洁脸上的污垢和化妆品残留，还有一定的护肤效果。

水煮蛋推荐产品
适合油性肌肤使用的洁面产品

肌肤之钥净采洁面膏（清爽型）

这款洁面产品含有四种皂基类成分和一种氨基酸表面活性剂，其清洁力要比氨基酸类洁面产品强，泡沫也相对更丰富一些。虽然它含有一种香精和两种防腐剂，但抛开剂量谈危害都是耍流氓，这些成分的含量很少，几乎不会对健康肌肤造成伤害，但蛋壳和八宝蛋们还应谨慎使用。

宝丽碧艾洁面膏（经典版）

这款洁面产品的泡沫细腻丰富，能快速包裹肌肤，带走顽固污垢，清洁肌肤。这款产品亲肤性较强，还带着股清新的花香味。

水煮蛋推荐产品
适合换季时节使用的洁面产品

黛珂 AQ 珍萃精颜臻悦洗颜露

这款洗颜露又叫“精致洁面”。这款产品是流动性很强的乳液质地，能轻松搓出云朵般绵密的泡沫，洗净毛孔中的污垢、皮脂。它含有多种植物提取物，可以缓解冬天凛冽的寒风给肌肤带来的伤害，洗完脸肌肤就好像做了一次 SPA（水疗）。秋冬季节交替对肌肤就是一场严酷的考验，秋风扫落叶，很多肌肤也不甘示弱地起皮掉渣儿，此时必须要有补水保湿功能的洁面产品出场。

芙珂净肌保湿洁面粉

蛋壳在季节交替时，肌肤容易过敏、起粉刺，这时候就比较适合用这款产品。先把起泡网或者起泡球打湿，然后倒出一元硬币大小的洁面粉，打出泡沫，用泡沫轻轻按摩面部肌肤，最后用温水冲洗几遍就干净了。这款洁面粉容易吸潮，开封后要在三个月内用完。

香奈儿柔和泡沫慕斯

每到换季时，蛋壳就迎来对她们肌肤抵抗力的考验。有蛋壳说不清洁可以缓解肌肤干痒过敏的症状。可是，一直不对肌肤进行清洁的话，肌肤上残留的皮脂会黏附灰尘，堵塞毛孔，进而引发其他肌肤问题。这款足够温柔、清洁力又同样出色的清洁产品可以解决蛋壳的一些问题。

你不了解的补水和保湿

补水和保湿不是一回事

补水和保湿，傻傻分不清楚？看这里。

首先，两者的概念和作用不同。补水是直接给皮肤补充水分，增加表皮含水量，使皮肤不干燥；而保湿是使用护肤品来锁住表皮的水分，减慢水分流失的速度，以此来保证皮肤的水润。

其次，补水产品和保湿产品的标志性成分不同。补水产品一般含有透明质酸、多元醇等。保湿产品一般含有封闭剂（如矿油、合成油脂、凡士林等）和吸湿剂（如甘油、海藻酸钠、神经酰胺等）。

补水和保湿对于我们养成水光肌来说都十分重要。举个例子，有的人洗脸后只使用爽肤水，却没有用保湿产品，那么没有被“锁住”的水分很快就会流失。正确的做法是使用爽肤水后搭配乳液或者面霜等护肤品进行保湿，并进行适当按摩帮助皮肤吸收营养。

肌肤保湿的三大法宝是细胞间脂质、天然保湿因子和皮脂膜。在锁水方面，细胞间脂质是皮肤保湿的关键因素，天然保湿因子和皮脂膜起辅助作用。细胞间脂质是细胞的分泌物，在角质层中承担着管家的角色，包围水分的同时，让细胞之间的连接更为紧密。天然保湿因子可以调节角质细胞的含水量。角质层在表皮的最外层，承担着繁重的保卫工作的同时，也能和皮脂膜一起有效减少水分的散失，使皮肤的含水量保持在正常状态。

干燥肌肤的细胞间脂质含量不足，皮脂分泌也不足，防止水分流失的皮脂膜不完整，如果此时角质层再受损，那么肌肤的防线就会变得不堪一击。此时的保湿之路犹如“蜀道难，难于上青天”。

很多蛋壳都有用加湿器的习惯。加湿器可以缓解干燥环境对肌肤的影响，但使用时要把握好时机。当空气湿度大于 75% 时，霉菌会更容易生长繁殖，此时不宜使用加湿器。当空气湿度低于 50% 时，水分会加速从角质层蒸发，此时才是加湿器大显身手的时机。

水煮蛋推荐产品

海蓝之谜臻璨焕活精华油

海蓝之谜（Lamer）是一个以修复著称的品牌。这款产品大受蛋壳喜爱。即使在寒冷的冬天，它也可以为脆弱的肌肤保驾护航。相对质地较厚的面霜，这款精油友好很多，足够保湿的同时却没有油腻感，即使是八宝蛋也可以安心使用。它含有的糖海带提取物可以消除皮肤表面氧自由基，能延缓衰老。有抗老需求的虎皮蛋可安心将它收入囊中。

它是一款水油分离的产品，使用前要先摇匀。它可以单独使用，也可以混在面霜里使用，可以有效缓解肌肤干燥、敏感等问题，让肌肤有种喝饱水的感觉。将它搭配粉底液使用，可以让妆容更服帖。它还可以用于干燥的唇部，改善因缺水引起的脱皮问题。

肌肤敏感时，我常用散
粉来代替粉底液。

大错特错，要用有保湿
效果的粉底霜，而且
要避开含滑石粉的
产品，以减少对肌
肤皮脂的吸附。

涂化妆水的正确方式

江湖上有这样的传言：化妆水配合化妆棉使用效果更好。但水煮蛋并不推荐这种方式。这是因为化妆棉的摩擦对肌肤也是一种伤害，尤其是一些化妆水本身就有去除角质的作用，再配合无情的摩擦手法，可能会使皮肤屏障遭到破坏，导致细胞间脂质加速流失。兢兢业业守护肌肤健康的屏障一旦被破坏，肌肤将会变得脆弱敏感，甚至出现炎症。护肤时过度拍打肌肤也会造成同样的后果。敏感的蛋壳如果用了这些护肤方式，恐怕此生都要和“敏感”纠缠不清了。即便是流动性较好的精华液，也建议用指腹轻柔画圈的方式来涂抹。此外，无论是卸妆还是使用化妆水，都要尽量避免用化妆棉在肌肤上反复摩擦，就连汗液也建议用湿巾轻轻按压的方式擦去。

在护肤的道路上，正确的护肤方式是成功的一半。除此之外，用量也很重要。一般来讲，化妆水的用量应控制在一次一元硬币大小的量。涂抹时双手掌心相对揉搓一下，反复多次轻柔地按压在脸部和颈部就可以了。

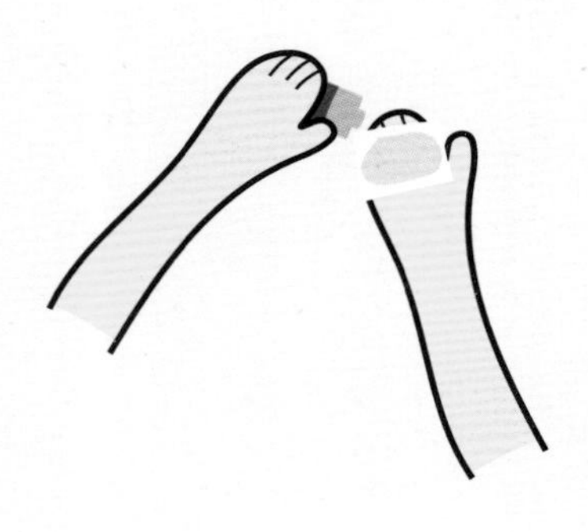

水煮蛋推荐产品

黛珂紫苏精华水

这款水官方建议用在同系列的乳液之后。日本有很多针对皮脂分泌旺盛的痘痘肌的产品都采用了“先乳后水”的设计理念。这并不是一种噱头，大部分痘痘肌的成因都和肌肤的角质代谢有千丝万缕的瓜葛。这种“先乳后水”的方式可以先让乳液软化角质，让堵在毛囊口的老废角质轻松脱落，为肌肤吸收后续的护肤品打开通道，同时也可以减少水中的酒精直接作用在肌肤表面时带来的刺激。需要注意的是，因其含有酒精，不建议长时间湿敷。

错爱的喷雾

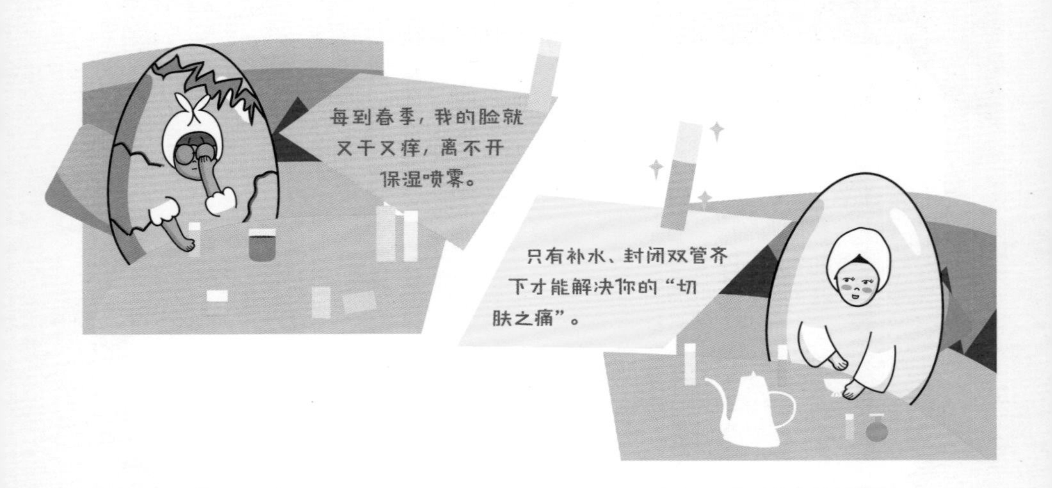

每到换季时，蛋壳就会被干痒折磨得心烦意乱。为了减少对肌肤的刺激，很多蛋壳将喷雾当作救命稻草，甚至用它来代替所有的护肤品。但是，这样做不但不能缓解由缺水引起的干痒症状，甚至可能使症状加重。

喷雾可以分为补水喷雾、舒缓修复喷雾以及保湿喷雾等。喷雾能给肌肤带来短暂的补水效果，但它不具有封闭性，不能锁住水分，蒸发时还会带走肌肤自身的水分。这样不但不能保湿，还会加剧肌肤的干燥，可谓赔了夫人又折兵。

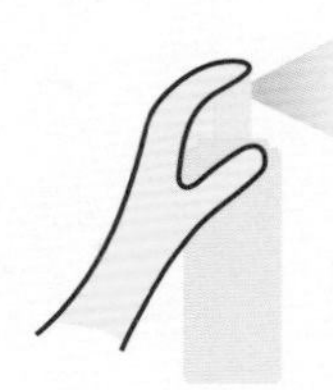

无论哪种喷雾都不能代替乳液和面霜以达到保湿的目的，但是如果要缓解洁面后的

干燥感，喷雾倒是个不错的选择。我们可以在洁面后，取喷雾在距离面部肌肤 20 厘米左右处环形按压喷头 2 圈，大约 8 秒后用被纯净水打湿的化妆棉轻轻按压面部，将多余水分吸掉，以免水分蒸发时连皮肤本身的水分也一起带走。

水意蛋推荐产品

美帕维生素 B5 修复喷雾

它含有泛醇（维生素原 B_5）和甘油，能修复受损肌肤，缓解干痒的症状。它采用 69 微米的高压注氧喷头，喷出的小液珠仅有普通发丝粗细，无论是使用舒适度还是渗透力都是喷雾中的翘楚。这款产品不含防腐剂，更适合敏感的皮肤使用。它比普通的舒缓类喷雾更保湿一些，但是如果想单纯靠一瓶喷雾来解决保湿问题，显然是希望有多大，失望就有多大。

补水、保湿不背锅

人们常常对补水和保湿存在一些误解。

首先，补水和保湿的目的不是让你满面油光。即使是油性肌肤的蛋，也需要补水和保湿。通常情况下，我们建议油性肌肤先控油，再进行补水和保湿。主管肌肤水分调节和皮脂调节的是两个独立的部门，肌肤的皮脂多，并不意味着水分含量就足够。如果因为皮脂分泌旺盛、皮肤显得滋润，就误以为肌肤的水分和皮脂一样充足，不需要补水保湿，那就大错特错了。油多了虽然更容易锁住水分，但是同样的，肌肤从外部获取水分的能力也会变低。油性肌肤通常不会出现过分干燥的现象，但是过多的皮脂会阻碍肌肤对水分的吸收，所以油性肌肤应该先控油再补水，尤其是在干燥的秋冬季节。

其次，并不是所有的保湿产品都会让人产生一种油腻感。人们还是应该先认清自己的肤质类型，再选择合适的产品。比如，很多保湿产品会使用以硅油、矿油为代表的封闭剂。矿油类产品大多封闭性较强，不太适合容易起粉刺的肌肤，它可能会让八宝蛋闻风丧胆，而对于有强烈保湿需求的蛋壳来说，它简直就是解救肌肤于水火的神器。但是，并不是所有的保湿产品都会使用硅油和矿油，很多保湿产品的保湿剂是植物提取物、角鲨烷等，这类产品一般不会让人产生油腻感。

我们常常把使用护肤品时肌肤有刺痛感的原因归结于肌肤严重缺水。这其实是个误会。使用护肤品引起肌肤刺痛的原因有很多，酒精、高浓度的活性成分、防腐剂等都可能引起刺痛。如果错把这种刺痛感当成肌肤在“吸收水分”，继续使用刺激性的产品，后果不堪设想。请一定理智护肤，善待肌肤，不然，你终将为自己的无知买单。

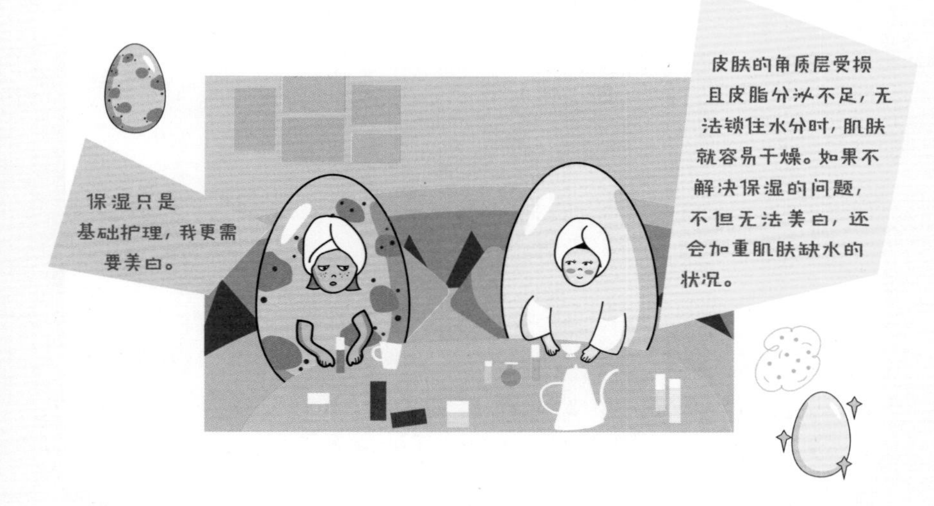

水煮蛋推荐产品

菲洛嘉玻尿酸盈润精华

法国菲洛嘉实验室采用微球运载技术，将核心成分 NCEF（50 多种活性成分）封装其中，使活性成分能有效渗透到肌肤中。它可以持久保湿，改善干燥，还能淡化皱纹，增加肌肤的紧实度。

防晒才是硬道理

你不知道的紫外线家族

紫外线家族有三兄弟，它们的波长不同，能力也各不相同。老大叫UVA，波长320 ~ 400纳米，江湖人称“长波紫外线”。UVA穿透力最强，可以直接攻击真皮层，破坏维持肌肤年轻的弹性纤维和胶原蛋白，导致肌肤松弛、产生皱纹。它可促进黑色素的形成，从而使肌肤变黑，同时它还可以使皮肤里能抓取水分子的透明质酸减少，令肌肤干燥，加速皱纹和松弛的登场。到达地面的紫外线中，UVA多达90%以上，它会被生物体内的分子吸收，促使活性氧生成，这些活性氧会给细胞带来氧化损伤。UVA的致癌性最强，长期照射肌肤可引起癌变。它可以穿透玻璃，进入室内。

老二叫UVB，波长280 ~ 320纳米，江湖人称“中波紫外线”。UVB穿透力也很强，可以在短时间内将肌肤晒红、晒伤。它会直接被DNA吸收，从而对其造成损伤。虽然人体自带修复功能，但肌肤长期接受UVB照射也会有癌变的风险。不过，它对人体也有益处，可以促进维生素D的合成和矿物质的代谢，对皮肤病也有较好的治疗效果。适度接受UVB照射还能提升白细胞的吞噬能力，增强人体免疫功能。相比老大，它要善良很多，但是我们依然不能对它掉以轻心！

老三叫UVC，波长100 ~ 280纳米，江湖人称“短波紫外线”。

它的穿透力最弱，基本被臭氧层拒之门外了。小弟毕竟是小弟，它的杀伤力不能和大哥、二哥的杀伤力相提并论。

总之，紫外线无处不在，很喜欢刷存在感。它可以说是造成皮肤老化、松弛及产生色斑的一大元凶。紫外线照射会让肌肤产生大量自由基，促使黑素细胞制造更多的黑色素，这些黑色素移动到表皮角质层，就可能形成斑点。其实，人体内的自由基是与生俱来的，人体本身具有驾驭自由基并维持其平衡的能力，受控的自由基对人体是有益的，它们既可以帮助传递维持生命活动所需的能量，也可以杀灭细菌，还能参与排毒。但当人体中的自由基超过一定数量，它们便会给我们的健康带来伤害。而不断被污染的生态环境可能会使人体内的自由基大量增加。

紫外线善于伪装。
你看不见它摸不着它，
它却能伤你于无形。
在热带、高原地区或
晴天无云时，紫外线
都很强。
看来面对强光
一定要注意
防护。

不能忽视的防晒

不要以为只有阳光强烈的时候才需要用防晒化妆品。紫外线全年无休，我们对它绝不可掉以轻心，以免肌肤遭受紫外线的摧残。为了抵御天天在岗的紫外线，我们日常一定要在做好补水和保湿的基础上做好防晒。那么，你了解防晒化妆品吗？

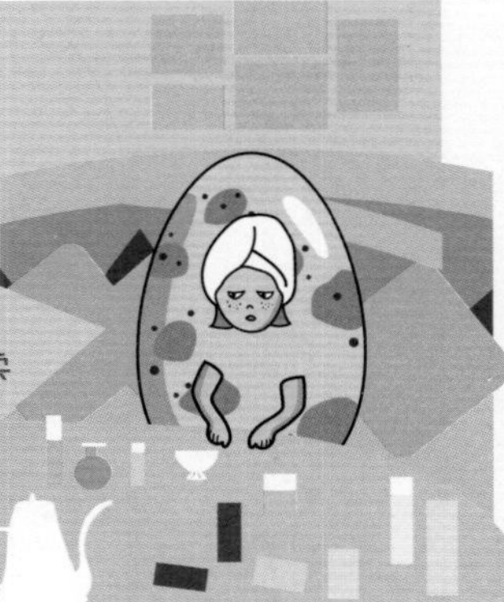

防晒化妆品中的防晒剂分为物理防晒剂和化学防晒剂两大类。物理防晒剂通过反射、散射的方式来阻挡紫外线，常用的是二氧化钛和氧化锌。物理防晒剂的优点是防晒时间较长，不容易引起过敏，缺点则是质地较厚重，容易泛白。化学防晒剂的防晒原理是将紫外线吸收以后再以其他形式释放出来，从而避免紫外线损伤皮肤，它的优点是质地比较清爽，缺点是对皮肤有一定的刺激性。

万人迷水煮蛋从小就喜欢去海边享受日光浴，为了保护肌肤少受紫外线损伤，防晒这件事就更重要了，而且越早开始越好。

适合婴儿娇嫩肌肤的防晒化妆品有一个共同的特性——方便卸除，一般用普通的婴儿洁面产品配合婴儿洁面巾轻轻擦拭就可以轻松卸除。在产品选择方面，水煮蛋推荐妈妈们为初生蛋选择纯物理防晒剂的防晒化妆品，这样的产品比较稳定、温和。但六月龄以下的宝宝最好不用防晒霜，可以采用戴防晒帽等方法来防晒。

水煮蛋推荐产品
适合婴儿使用的防晒化妆品

贝吉獾（BADGER）我爱自然防晒霜

这是一款无水防晒霜，其主要防晒成分是氧化锌，还含有向日葵籽油以及起舒缓作用的金盏花花提取物。它不含防腐剂、香精，所以，它对婴儿、蛋壳很友好，可以起到保护作用，但不适合油腻的八宝蛋。

和光堂（WAKODO）婴儿防晒霜 SPF35

这款产品主要的防晒成分为氧化锌，没有香精但含有防腐剂，质地略干，有控油的效果。这款产品婴儿和成人都可以用，但是不适合蛋壳。

相对于婴儿来说，成人肌肤暴露在户外的时间更长，防晒的重要性更是不言而喻。当肌肤长时间暴露在紫外线下时，黑色素的合成和沉淀便会加速，肌肤本身的保湿功能也会受到影响，肌肤会变得干燥缺水，水煮蛋就会变成烤蛋。一旦真皮层的弹性纤维（它的主要功能就是维持肌肤的弹性）受损、胶原蛋白流失，干纹、细纹便会爬上脸庞。

如果你说自己的皮肤爱出油，已经对防晒霜的油腻感产生了阴影，不想用防晒霜了，那么事实并不像你想象的那样，不是所有的防晒霜都有油腻感，你可以选择有控油效果的防晒霜。

如果你又需要抗老又害怕干燥，就一定要在做好保湿的基础上做好防晒。不过，防晒霜属于防护类产品，也有一定刺激性，我们应该先涂好基础护肤品后再涂防晒霜。想永远当一只滑溜的水煮蛋可不是一件容易的事。

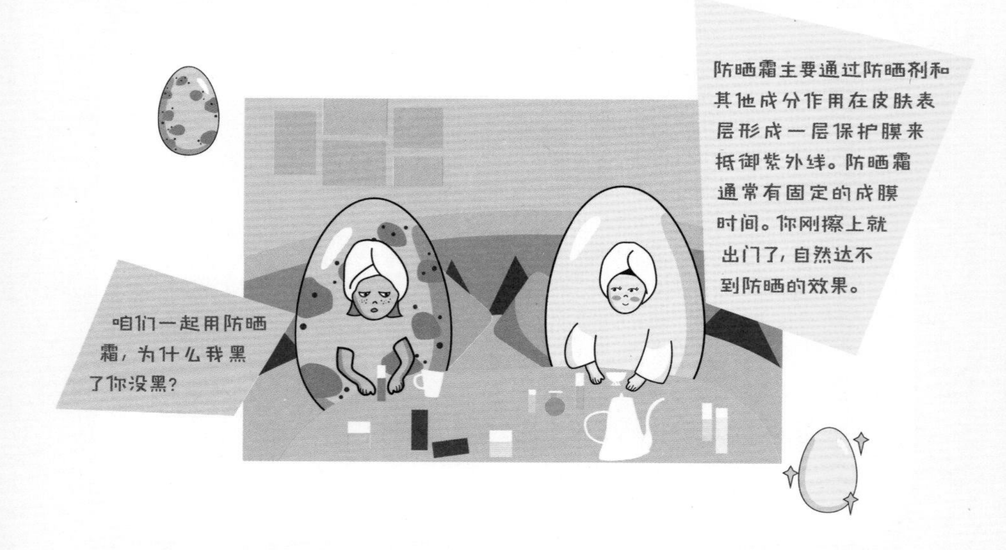

可以用轻轻按压的手法涂抹防晒霜，以减少搓泥状况的发生。防晒化妆品通常有成膜时间，所以刚擦到脸上时不要反复用手揉搓肌肤，以免影响防晒膜的形成，减弱防晒效果。

水煮蛋推荐产品

芳珂倍护防晒隔离露 SPF50+

芳珂（FANCL）是日本的无添加品牌。如果你皮肤敏感，或者皮脂分泌旺盛，那这款产品对你再合适不过了。它不含防腐剂，成分和功效都有直截了当的特点，还有一定的控油效果，孕妇也可以使用。它是水煮蛋的常年必备款。不过，它拥有物理防晒产品的通病——会泛白，不适合拿来补涂。

宝丽碧艾多重修护防晒日霜

宝丽（POLA）是日系护肤品里的高端品牌，适合不缺钱的贵妇蛋。如果你不想光洁的面部出现斑点和皱纹，最好选择具有防晒和抗老双重效果的产品。这款产品可以帮助肌肤抵挡紫外线，避免因紫外线照射引起的肌肤缺水。对于皮脂分泌旺盛的八宝蛋来说，这款产品可以直接代替乳液或面霜使用。

海蓝之谜清透修护防晒隔离乳

海蓝之谜的产品成分都很奢华，这款防晒乳也不例外，加入了藻提取物，防晒的同时还能修复肌肤。这款产品适合做了激光术后需要修复肌肤的人使用。如果你的肌肤状态很好，就没必要尝试了，健康的肌肤未必能感受出它强大的修复效果。

莱珀妮活细胞隔离防晒霜 SPF50 PA++++

莱珀妮是来自瑞士的贵妇品牌。这款产品中添加了以脂质体包裹的精华成分，可实现长效保湿，缓解日晒给肌肤带来的干痒等不适感。它可以有效抵御 UVA 和 UVB 的侵袭。同时，产品中还加入了奢华的抗衰老精华，防晒、抗老两不误。

法儿曼清透亮颜修护防晒霜 SPF50+

炎热的夏季，油腻的防晒霜难免会让人嫌弃。然而，这款防晒霜很好地解决了高倍数防晒产品肤感厚重的问题。另外，它的成膜速度也很快，而且成膜之后能呈现出亚光感。

娇韵诗轻透防晒乳

如果你喜欢偷懒，那你一定会喜欢这款产品。它分自然色和润粉色两种色号，有润色效果，可以代替底妆使用。这款产品成分相对温和，适合敏感肌。它是涂改液质地，用之前要先摇匀。

兰蔻轻透水漾防晒乳

这款产品又称“小白管”。用它时完全不用担心毛孔堵塞引发粉刺的问题，你会感觉皮肤一天的呼吸都很通畅，所以它又被称为“空气感防晒乳”。它不但可以阻隔紫外线，还有抗衰老作用。

我们要一起做光洁无瑕的水煮蛋，这是我们奋斗的目标。经常有人把“逆袭”挂在嘴边，与其使尽浑身解数去尝试逆袭，何不平时花点力气按部就班做好防护呢？

防晒产品的聪明用法

说到防晒化妆品，就不得不提两个概念：SPF 和 PA。SPF（sun protection factor）是防晒系数，主要反映防晒化妆品防 UVB 的能力。一般将防晒化妆品的 SPF 值乘以 20 分钟，就是其能防护 UVB 的时长。例如，涂了 SPF15 的防晒霜，理论上可以防晒 300 分钟。PA（protection grade of UVA）表示产品的 UVA 防护等级。PA 后的“+”代表防护等级。UVA 是比 UVB 更可怕的紫外线，所以选择防晒化妆品时一定要关注产品的 PA 等级。

涂防晒化妆品时，用量一定不能吝啬，防晒化妆品的标准使用量为 $2mg/cm^2$（一般面部用量以两个一元硬币大小的量为宜）。即使你选择了高倍数的防晒化妆品，如果用量不足，也是空欢喜一场。一般来讲，产品的 SPF 值和 PA 等级是按标准用量测出的，薄涂很难达到标示数值的防晒效果。因此，一定要足量涂抹，并且要及时补涂。防晒化妆品只需要覆盖住肌肤就可以起到防晒效果，并不需要充分渗透。无论使用什么类型的防晒化妆品，涂抹的动作都要轻柔。如果为了促进防晒化妆品的吸收而反复揉搓面部肌肤，反而会影响防晒化妆品的防晒效果，使色斑和皱纹出现的风险增加。

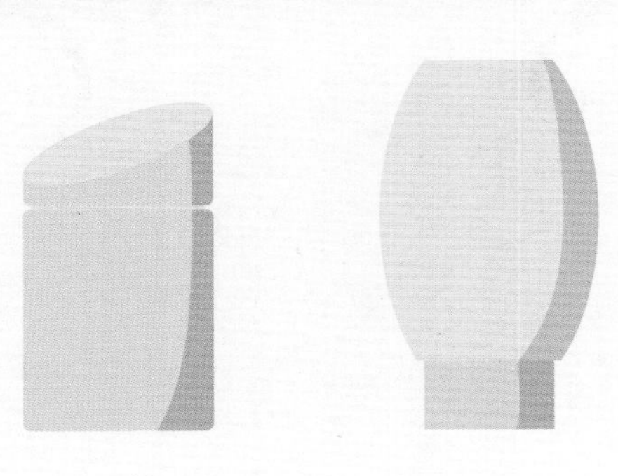

面部防晒这样涂

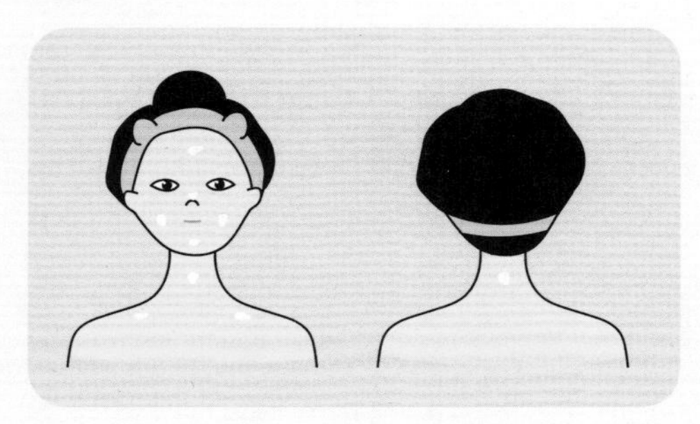

1 取适量防晒化妆品分别点涂于额头、鼻子、脸颊、下巴、颈部和锁骨处，不要忽略脖子后面。

2 用中指、食指和无名指将防晒化妆品以按压方式轻轻推开，使产品覆盖脸上的每一寸肌肤。

3 用手掌轻柔推开颈部和锁骨处的防晒化妆品。

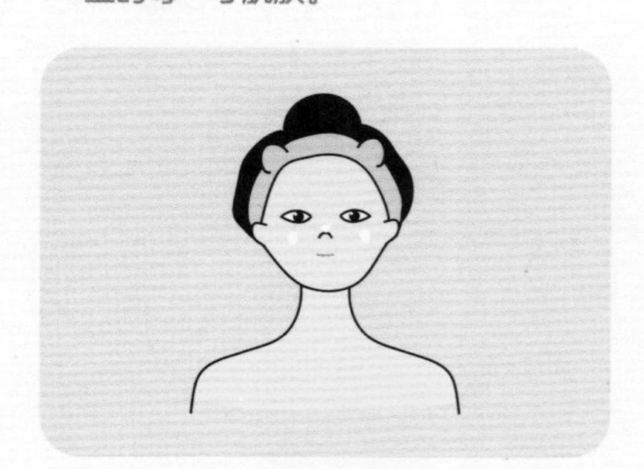

4 鼻梁、颧骨等面部突出部位，可以加涂一次。

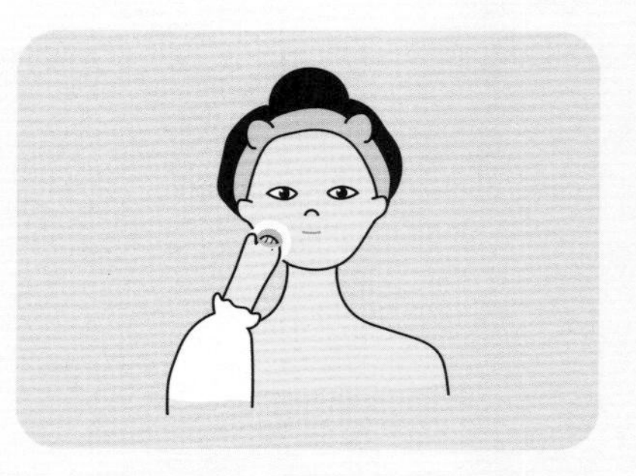

5 为了使产品更好地贴合肌肤，可以用粉扑轻轻按压肌肤。

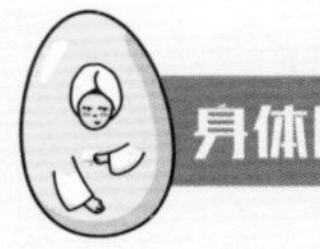

身体防晒这样涂

直接用防晒霜或者防晒乳液在身上画折线，再用掌心打圈抹开就可以了。重点部位可以多涂一次。不要忽略手肘和膝盖这些比较突出的部位。

如果想要防晒化妆品更好地发挥防护作用，而不是让涂抹成为一种仪式感的话，补涂就显得格外重要，否则紫外线会乘虚而入。补涂时可以先用湿润的化妆棉像盖章一样轻轻去除脸上的皮脂、灰尘等，然后在干燥的地方擦上保湿乳液或者保湿霜，再补涂防晒化妆品，最后用粉扑蘸取一些散粉按压在脸上，防止脱妆。为了减少摩擦，不建议使用粉底刷。

我已经用了SPF50的防晒霜，
为什么还是晒黑了？天
理难容啊！

游泳、冲浪以及流汗都会破
坏皮肤表层的防晒膜，即使
用了有防水标识的防晒霜
也需要及时补涂。建议每
3个小时补涂一次。

在室外补擦防晒
霜岂不是把灰尘
都擦进毛孔了，我
可不想起粉刺。
不要轻易甩锅给防晒霜，
正确使用才是王道。补
涂前要先用保湿喷雾和
化妆棉对皮肤进行简单
的清洁，去除皮脂、汗水
和灰尘等，即使化了
精致的妆也不
可偷懒。

全副武装的防晒措施

如果我们选择了适合自己的防晒霜并正确地使用就可以完美避开紫外线了吗？那你可太小瞧紫外线了。如果你长时间处在室外，除了防晒霜以外，硬防晒手段也不能少。所谓“硬防晒”是指打防晒伞、戴防晒帽、穿防晒衣、戴太阳镜等防晒方法。太阳镜等防晒单品不仅仅是时尚单品，还是可以为你的防晒加分的实力产品。这些产品都可以发挥不错的防晒效果，它们和防晒霜互为补充。

太阳镜不是用来耍酷的，它可以保护眼睛免受紫外线的伤害。太阳镜镜片最理想的颜色并不是常见的黑色。黑色有可能引起瞳孔扩大从而使更多紫外线射入眼睛，建议选择茶褐色、深灰色镜片的太阳镜。

防晒衣的面料不同于普通织物，经过防紫外线加工处理的衣物才真正具有防晒效果。

防晒帽和防晒衣同理，除了至关重要的面料外，帽子的帽檐也是评判其防晒效果的关键因素之一，我们要选择帽檐较宽，而且两边有一定弧度的帽子，让整个脸庞都能被帽檐保护。另外要注意的是，防晒帽并不可以代替防晒霜，紫外线可以通过地面反射到脸上。

防晒伞也不是普通雨伞，有防晒效果的伞通常会在标签上注明 UPF 指数。有的防晒伞不但可以遮光还可以隔热，伞下温度会低于伞外温度。

防晒不要怕麻烦，比起治愈由紫外线带来的肌肤问题（如斑点、老化、粉刺等）所费的力气，现在费点功夫做好防晒又算什么呢？

水煮蛋推荐产品

后益防晒衣

后益（HOII）是一个主打防紫外线的时装品牌，其产品涵盖了防晒衣、防晒帽、防晒伞等。产品由光学布料裁制而成，能有效阻挡 99% 的紫外线。在防晒的同时，光学布料会允许黄光、蓝光和红光等不同颜色的天然有益可见光透过。黄光能减少黑色素生成，蓝光有镇静舒缓作用，红光可刺激胶原蛋白再生。

人人都爱敷面膜

面膜你用对了吗?

面膜是水煮蛋常备的变美利器。它的功能就是暂时隔离空气与污染物,形成局部封闭的环境,促进水分及其他有效成分的渗透,提升角质层含水量。敷面膜相当于给肌肤加餐,这与给一个学习落下的学生补课有异曲同工之妙。

面膜是护肤品里即时效果相对较好的,但不能因为迷恋这种效果就天天敷或者长时间敷。单次敷面膜的时间过长或者敷面膜的频率太高都可能造成肌肤过度水合,甚至会引发水合性皮炎。

水煮蛋认为敷面膜就像日常护肤一样,无法一劳永逸,贵在持之以恒。一只鹌鹑蛋或虎皮蛋,想通过敷一两次面膜就白成水煮蛋,那是不切实际的。

如果你是年轻的温泉蛋,大可不必把大把的银子花在买昂贵护肤品上,因为你的肌肤自愈能力较强,昂贵的护肤品可能会导致肌肤营养过剩。补水的贴片式面膜或者用纯露湿敷就可以让你的肌肤保持水润。另外,敷纯露的时间不要超过 3 分钟,以免面膜纸倒吸肌肤的水分。因操作不当让水煮蛋变成蛋壳可就得不偿失了。

使用面膜时有哪些要注意的事情呢?

在敷面膜之前,首先要彻底清洁面部皮肤,以免面部的灰尘进入毛孔。清洁过后要收拾好头发,这样能充分照顾到面部边边角角。可以先用温热的毛巾敷面 3 分钟，促使毛孔张开，这有助于营养成分更好地被吸收。

其次，在取面膜之前，也要彻底清洁双手，以免细菌黏附在面膜上。除贴片式面膜外，请不要用手直接接触面膜。膏状的面膜应借助面膜刷（硅胶材质的面膜刷性价比较高）取用，这样既方便卫生又不会浪费面膜。

再次，考虑到重力的作用，敷面膜时要尽量躺着，也请放下手机。还有一个小技巧，在敷贴片式面膜时，多余的精华液可以涂抹在脖子、手肘、膝盖这些容易干燥的地方。

一般建议在晚上睡觉前敷修复面膜，因为肌肤已经经历了一天的日晒，此时敷面膜对肌肤来说比较好。面膜通常敷 15 ~ 20 分钟就可以卸掉了，敷的时间过长反而会影响皮肤细胞的正常代谢。普通补水保湿型面膜一般建议隔 1 ~ 2 天使用 1 次；如果是功效型面膜，一周使用 1 ~ 2 次就足够了。

为什么我每天都
在敷面膜，效果却
不好？
比我年轻、比我美的人
都在敷面膜，我怎
么能落下！

也许就是你们太贪心了。

面膜类型知多少

面膜的种类纷繁复杂。一定要了解它们的特点，才能让它们更好地为皮肤效劳。

1. 贴片式面膜

这种面膜的面膜纸材质有无纺布、蚕丝、生物纤维等，面膜纸上附着了高浓度的保养精华液。这类面膜的产品特别多，每只蛋都可以选到适合自己的产品。质地稍厚、有分量的面膜纸才能吸收足量的精华液。贵妇蛋最爱的含有大量奢侈抗老成分的面膜更常用生物纤维面膜纸。

除了材质，面膜纸的剪裁也是影响面膜效果的重要因素之一。面膜和面部皮肤要足够贴合，这样精华液中的成分才能更好地渗透进肌肤里。一般剪裁 12 刀的面膜贴合度更好。

水煮蛋推荐产品

111SKIN 玫瑰金焕颜亮肤面膜

111SKIN 是由整形医生创立的英国小众护肤品牌。这款产品含有胶态金和蚕丝氨基酸类等成分，主要功能是美白和抗衰，可以让面部肌肤焕发光泽。这款面膜敷完后不需要再用清水清洗，轻拍至精华液吸收后直接进行后续护肤即可。如果是在干燥的机舱内，又不方便洗脸，这款面膜是首选。

111SKIN 生物纤维去敏舒缓修复面膜

它的主打功能是增强皮肤细胞保护功能，修复环境污染物对肌肤的损害。它蕴含乙酰半胱氨酸、蚕丝氨基酸类、积雪草叶提取物等，可以淡化色斑和痘印，均匀肤色，同时还有消炎作用。如果肌肤因为缺水而红肿或干痒，敷这款面膜有即刻缓解的效果。可以先用爽肤水或肌底液打底，这样能让面膜里的精华液更好地发挥作用。这就像为一个英勇的战士配上了精良的武器一样。

2. 撕拉式面膜

撕拉式面膜通常由高分子胶状物质、水和酒精等成分组成。使用时将膏状或凝胶状的面膜涂在面部，等待面膜干后将其撕下，就可以将皮肤上的污垢、老化角质等一并剥离下来。它通过加速表皮温度的升高，来促进血液循环以及增加皮肤对营养成分的吸收效果。其成分和撕拉的使用方式都注定了蛋壳与此类面膜无缘。使用这类面膜对肌肤的损伤较大，不建议采用这种“杀敌一千，自损八百”的护肤方式。

3. 洗去型面膜

这类面膜有膏状和粉末状两种。膏状面膜质地与面霜相似，功效囊括了补水、保湿、美白、抗衰等多个方面。有抗衰老需求的虎皮蛋和喜欢奢华成分的贵妇蛋都是这类面膜的忠实追捧者。通常面膜在脸上敷 15 ~ 20 分钟后就可以用清水洗去了。鉴于其需要水洗的特性，建议脆弱的蛋壳每周使用不要超过两次。

水煮蛋推荐产品

香缇卡黄金修护面膜

它含有黑加仑籽油、乙酰基四肽 -2 和 24K 黄金、水解丝心蛋白等成分，具有抗衰老和抗氧化能力，能促进细胞再生。适合 30 岁以上有抗老需求的人使用。使用这款产品后最明显的效果就是气色会变好，即使熬夜，肌肤也不容易起痘痘。

莱珀妮保湿紧肤面膜

它含有金盏花花提取物、牛油果树果脂、鳄梨油等成分。这款产品是蓝色的膏状质地，膏体敷到脸上后会自动开启乳化程序，肌肤会有种透心凉的感觉。这款面膜简直就是为炎热的夏日而生的。肌肤敏感又发干的人如果想在冬季使用，可以在它的基础上再加一层精油类产品。

4. 免洗型面膜

免洗型面膜其实就是睡眠面膜，晚上睡觉前敷上，次日早晨起床后清洗。所以这只是推迟了清洗的时间，而不是不用清洗。这种面膜质地相对厚重，因此不适合有痘痘烦恼的八宝蛋使用，蛋壳每周使用也不要超过三次。

水煮蛋推荐产品

莱珀妮鱼子精华琼贵睡眠面膜

这款产品涂上后轻轻按摩就可充分吸收。它的专长在于抗老，坚持使用能使肌肤变得紧致饱满，毛孔也变得干净、整齐、细腻。

5. 软膜粉

这种富有生活仪式感的面膜不适合“手残”的蛋。水和软膜粉的比例以及调和时间都非常重要。一定要用纯净水调和，不要用化妆水或者自来水。最好用带刻度的容器量好水后再倒进软膜粉里，这样可以避免加水过多或过少的情况，减少失败概率。

这种面膜具有清洁和轻微剥落老废角质的作用，因此每周使用两次即可。很多中药面膜都是这种形态。

水煮蛋推荐产品

美帕壳聚糖修护面膜

它含有从深海生物中提取的壳聚糖，可增强肌肤的修复力和免疫力，促进伤口愈合。这款面膜的使用要点就体现在“快”上，快速将加入纯净水的软膜粉搅拌到不结块的状态，然后快速敷到脸上，否则软膜粉会很快凝固。

美帕奇迹焕白淡斑面膜

它含有多种植物美白成分，能作用于黑色素形成的不同阶段，同时能加速黑色素的代谢，相较美白面膜常见的即时效果，它的美白效果更持久。此外，它还可调理粉刺，改善肌肤暗黄的情况。

面膜还可以这么玩?

1. 三明治面膜有多神奇?

三明治面膜是近年来风靡护肤江湖的偏方:一层凝胶面膜、一层纯露再加一层凝胶。用这种方法敷完,你可能会觉得肌肤像打了水光针一样通透,但其实这是皮肤过度水合的效果。经常这样做会破坏你的角质层,让皮肤变得敏感。

2. 泡澡时可以敷面膜吗?

泡澡时不适合敷面膜。这个原则不仅适用于撕拉式面膜,也适用于贴片式面膜。水煮蛋以前总觉得边泡澡边敷面膜,可以瞬间化身小公主。事实上,就贴片式面膜而言,水汽会影响面膜和肌肤的贴合度,从而降低精华液的吸收效果。泡完澡后适合敷面膜,因为这时毛孔还处于微微张开的状态,各种营养物质更容易被皮肤吸收,这时敷面膜会事半功倍。

3. 自制面膜好用吗?

不要过度自信地在家做"生化实验",家中不具备实验室的条件,不适合调制面膜,自制面膜可能有细菌超标的风险。而且万一搭配不当,皮肤可要受罪了。

水果、蔬菜、酸奶等天然食材虽然含有多种对肌肤有好处的维生素、蛋白质等成分,但是一些大分子物质无法被肌肤吸收。因此,它们无法提高角质层的含水量和通透性,起不到补水和促进营养成分渗透的作用。相反,它们中的某些酸性成分还会给肌肤带来负担。请不要把无辜的肌肤当成小白鼠来对待。

清洁面膜知多少

清洁面膜的任务是清理堵在毛孔中的脏东西。它不是卸妆液，是否需要使用清洁面膜和你是否化妆没有直接关系，要看皮肤的状态。如果皮肤老废角质堆积、毛孔堵塞严重，那么护肤品的有效吸收就会大受影响，光滑的水煮蛋可能会变成八宝蛋，这个时候，清洁面膜就需要出场了。

那么，清洁面膜应该多久用一次呢？对于这个问题，没有统一的标准，这与个人的肤质、生活环境、化妆习惯都有一定关系。建议油性肌肤每周使用不要超过两次，干性肌肤每周使用不要超过一次。

此外，清洁面膜的清洁效果跟它的质地也有关系。泥状面膜通常清洁力较强，凝胶状的面膜相对温和，大家可以根据自己的肤质选择适合自己的产品。

悦碧施净透洁肤面膜

这款面膜的清洁力比较强，改善粉刺的效果明显，可增加肌肤的平滑度。它适合易起痘的八宝蛋使用，不适合敏感的蛋壳使用。使用时，将其厚敷 15 分钟左右，然后用清水或纯露将面膜湿润，配合轻柔手法按摩几十秒，再用湿润的洁面巾擦掉，最后用清水洗净面部即可。这款面膜也可作为日常的洁面产品使用。

赫莲娜绿宝瓶净化修护面膜

这款产品适合演员、模特等长期化妆的人使用，可深层净化毛孔，清理老废角质。用量方面一定不要省，将其厚敷 10 分钟后，轻轻用化妆棉擦拭，便可以去除面部的化妆品残留物和污垢残留物。擦完后用清水洗净，最好再敷一张补水面膜或者有收细毛孔作用的面膜。不建议用完这款面膜之后再用美白面膜，因为肌肤可能会有轻微的刺痛感。

第 2 章

无死角素颜是怎样炼成的

眼睛这扇窗

柔弱的眼部肌肤

眼睛是心灵的窗户。“一双摄人心魄的眼睛”“一双会说话的眼睛”都是对一个人极好的夸奖。一双漂亮的眼睛不但能提高颜值，还能反映出人的内心世界。人们常说，从一个人的眼睛里能读出岁月，读出故事，甚至读出江湖。但如果眼睛这扇窗年久失修，玻璃脏了，窗棂也掉了漆，那美又从何而来呢？

眼部肌肤较薄，其厚度只有面部肌肤的 1/5 左右，而且眼部肌肤的皮脂腺和汗腺较少，这就导致此处的肌肤极易干燥，容易产生干纹、细纹。很多人的第一条皱纹都出现在眼部。所以，我们在化妆和卸妆时要避免反复摩擦眼部肌肤。忠爱护肤的水煮蛋自然不能接受眼部肌肤出现纵横交错的沟壑。

柔弱的眼部肌肤除了易长皱纹外，还容易出现泪沟、色斑、眼袋、上眼睑下垂等问题。而黑眼圈、眼部浮肿等问题则不分年龄，困扰着很多人。此外，眼部肌肤也容易得刺激性接触性皮炎，炎症不但让肌肤不适，还会带来令人讨厌的暗沉。

有了皱纹之后，我
每天都用眼霜，怎么皱纹
还不消退。

皱纹是无法去掉的，只能
淡化。因此，一定不能把
希望寄托在“亡羊补牢”上。

眼霜知多少

眼霜有用吗？首先我们要端正心态，眼部的衰老和皱纹的出现是不可逆的，我们能做的仅仅是减慢衰老的速度。但是，这并不意味着眼部护理产品是“智商税”产品。眼部护理产品虽然无法在短时间内有立竿见影的效果，但是如果在保持规律作息的前提下长期使用，也可以起到延缓衰老的效果。眼霜属于“润物细无声”的产品，如果三天打鱼，两天晒网，用再好的眼霜也难见效果。

眼部的护理产品有很多种，包括眼霜、眼膜、眼部精华、眼部精油等，这里我们着重讲解最常用的眼霜。在选择产品之前，我们一定要先弄清楚自己的眼部问题和肌肤类型，再对症下药，病急乱投医是不可取的。

干性肌肤的人可以选择含杏仁油、鳄梨油等油性成分的眼霜；敏感性肌肤的人可以选择含积雪草提取物、金黄洋甘菊提取物、金盏花提取物、芦荟提取物、酵母菌发酵产物等舒缓修复成分的眼霜；眼周有细纹和鱼尾纹的，可以选择含棕榈酰五肽－4、乙酰基六肽－8、视黄醇棕榈酸酯、视黄醇（维生素 A）、羟丙基四氢吡喃三醇（玻色因）等抗氧化、抗衰老成分的眼霜。

在使用眼霜时，一般按照“内眼角—上眼皮—眼尾—下眼皮—内眼角”的顺序涂抹，再按此顺序轻轻打圈按摩至吸收。按摩时，手法要轻柔，用力拉扯皮肤容易加深眼周皮肤纹路，加速皮肤的松弛。

除了使用眼霜和眼部精华，还可以定期使用保湿眼膜给眼周肌肤补水，解决眼周肌肤干燥的问题。眼膜也可用于晨间救急，缓解熬夜带来的黑眼圈、眼部浮肿等问题。

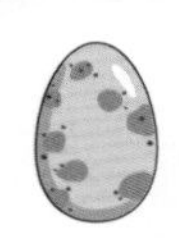

眼霜的质地太厚重了，我怕长粉刺，一般都用面霜直接代替了。
用面霜才容易起粉刺。

眼部是最容易衰老的部位，要选择贵的眼霜才有效果。

再贵的产品，不适合自己也不能起到好的效果。钱不是万能的。

水煮蛋推荐产品

莱珀妮鱼子精华眼部紧致啫喱

这款新出的产品是眼霜和眼部反重力精华的结合体，适合有抗老需求的虎皮蛋使用。它能被肌肤快速吸收且不油腻，紧致、提亮的效果也比较明显。建议从 27 岁就开始使用这款啫喱，如果你的眼部已经有了明显的皱纹，建议搭配同品牌的眼霜一起使用。对长期熬夜的蛋来说，这款产品淡化黑眼圈的效果并不会很突出。

莱珀妮鱼子精华琼贵紧致眼霜

这款产品主打紧致和提拉，质地清爽，非常水润，延展性好。水煮蛋平时熬夜太多，至今都没有解决黑眼圈的问题，但是眼部的肌肤却光滑如镜，没有明显的纹路，这款产品功不可没。

迪奥花秘瑰萃滚珠眼部精华

这个精华的设计很独特，瓶身有一个按摩头，里面嵌着珍珠般的陶瓷滚珠。用按摩头涂抹可以加速眼部的血液循环，促进血管中废物的代谢，既可以消浮肿又可以淡化黑眼圈和细纹，也不用担心因手指力量太重而拉扯眼部肌肤。虽然是眼部精华，但它的质地却像乳液。它淡化黑眼圈的效果较好且不会带来脂肪粒的烦恼。

希思黎抗皱修活御致眼唇霜

这款产品搭配了一个金属的小滚轮，可以促进产品的吸收，但请不要期待这个作为赠品的小玩意儿可以媲美眼部美容仪。这款眼霜对眼部细纹、鱼尾纹、黑眼圈均可起到一定的抑制效果，适合有干纹的皮肤使用。

娇兰御廷兰花卓能焕活修护眼唇霜

娇兰的抗老系列产品更适合秋冬季使用，其滋润和抗老的效果比较明显。无论是眼周的细纹、眼角的鱼尾纹，还是上眼皮的松弛，都可以用它来改善。它还可以用于唇部的肌肤，对于舒展唇部的皱纹也很有效。

认识黑眼圈

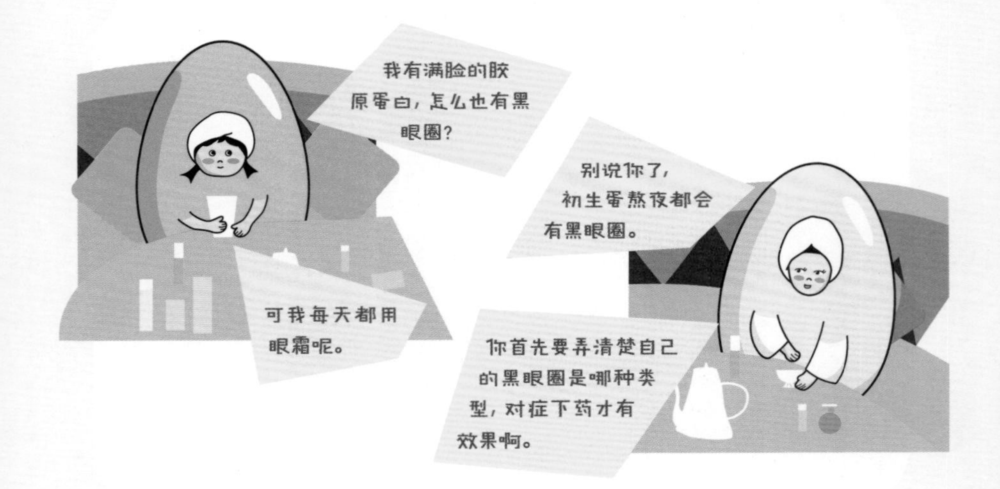

黑眼圈根据成因可分为色素型黑眼圈、血管型黑眼圈和结构型黑眼圈三种。

色素型黑眼圈多为咖啡色或黑色，是眼周色素沉着导致的黑眼圈。这种类型的黑眼圈可以用有美白或淡斑功效的眼霜或者眼部精华来改善。

血管型黑眼圈多为青色或紫色，主要成因是局部血液循环不畅导致血液瘀滞。对付这种类型的黑眼圈，首先要调整生活方式，不要熬夜。其次，日常可以使用含有活血成分（如咖啡因）的眼部护理产品。如果想进一步淡化或去除则需要利用激光治疗等医美手段。

结构型黑眼圈的成因是眼部浮肿和眼袋的松弛在眼周形成了阴

影。这种类型的黑眼圈大多与衰老有关，可以选择有消肿、抗衰老效果的眼霜来改善。

如何判别自己的黑眼圈是哪种类型的呢？这里有一套简单的自测方法：

1. 平视镜子，轻轻拉平下眼睑，检查下眼睑的肤色与其他部分的肤色是否一样。如果不一样，说明你的黑眼圈属于色素型黑眼圈。

2. 观察自己的下眼睑部位，如果呈现青色或紫色，说明你的黑眼圈属于血管型黑眼圈。

3. 观察眼头处的皮肤，如果泛出淡黑，说明你的黑眼圈属于结构型黑眼圈。

如果你发现自己的黑眼圈不止符合一种情况，说明你的黑眼圈属于混合型黑眼圈。

黑眼圈并不是什么疑难杂症，虽然不容易去除，但可以淡化。先搞明白自己黑眼圈的类型，再对症下药即可。

除了涂眼霜还能做什么？

为了延缓眼周皮肤的衰老，我们需要从日常生活的点点滴滴做起，养成良好的生活习惯、饮食习惯和用眼习惯等。

研究表明，熬夜与黑眼圈严重程度显著相关。因此，水煮蛋给出的第一条建议就是保证充足的睡眠，不要熬夜。同时，睡觉的时候要尽量保持仰卧，不要侧卧，侧卧会对眼部肌肉产生挤压，容易加重细纹和法令纹。

最近的一项关于小鼠衰老水平的研究指出，低糖饮食可以延缓眼部衰老疾病的发生，比如缓解衰老导致的视觉退化的症状。因此，水煮蛋给出的第二条建议是选择健康、低糖的饮食方式。

水煮蛋给出的第三条建议是尽量避免用力揉搓眼部肌肤。

第四条建议：如果化了眼妆，一定要使用合适的卸妆产品将彩妆彻底清除，因为彩妆残留物堆积可能会带来色素沉着的问题，进而导致黑眼圈的形成。

第五条建议：避免长时间用眼，休息时可以做我们小学就学过的眼保健操。

唇部也可以出卖年龄

润唇膏有多重要

唇部如果变得干瘪，就会使人显老。作为一只精致的水煮蛋，自然不能被唇部出卖年龄。

唇部肌肤的角质层比其他部位的角质层要薄，唇部肌肤又缺少皮脂腺、汗腺等让肌肤保持水润的小伙伴，所以唇部肌肤格外容易干燥。于是，润唇膏这个帮助唇部克服干燥的产品就诞生了。

润唇膏的主要任务就是滋润干燥的双唇并锁住水分。它的基本成分离不开蜂蜡、凡士林、羊毛脂等保湿成分。有的润唇膏中会添加防晒成分，以对抗紫外线的侵袭，这种产品适合在白天使用；还有一些润唇膏中加入了抗老的成分，以持续修复唇部肌肤，让干纹无处容身，这种产品可以在睡前涂抹。润唇膏还可以作为口红之前的打底，既能滋润唇部，又能保护唇部。

水煮蛋不主张买太廉价的唇部护理产品。俗话说病从口入，劣质的唇膏不但不利于唇部的修复护理，还可能会引发一些健康问题。如果担心唇膏会被自己吃下去，可以选择食品级的产品。

水煮蛋推荐产品

L:A BRUKET 有机杏仁椰子天然润唇膏

这款润唇膏成分精简，质地偏软，温和不黏腻，有淡淡的椰奶味。如果你的唇部特别容易干燥起皮，用这种纯植物的唇膏时你会感觉不够保湿。这款产品不含防腐剂，需在开封后 6 个月内用完，适合敏感肌人群和孕妇使用。

伊丽莎白雅顿经典润泽唇膏 SPF15

这款产品硬度适中，不易折断，含有生育酚（维生素 E）和矿脂（凡士林），可以长效保湿，预防唇部干燥起皮，非常适合经常化妆的白领使用。它还有 SPF15 的防晒能力，可以保护唇部免受紫外线的伤害。

润唇膏和口红不是近亲

滋润版口红不能代替润唇膏。润唇膏属于护肤品，可以不用卸妆液卸除，但是滋润版口红属于彩妆产品，必须用卸妆液卸除。彩妆长期残留在嘴唇上会造成唇色暗沉，甚至可能造成唇部肌肤老化。

近年来，市面上刮起了一阵亚光口红风。这种口红涂在水润的嘴唇上很有高级感，但如果将它涂在干燥、有明显唇纹的嘴唇上，只能让这些唇部问题更明显。如果你平时不注意唇部的卸妆，导致唇部色素堆积，那么原本绚丽的口红也无法绽放它应有的光彩。

水煮蛋一直被一个问题困扰着，有很多温泉蛋买口红时一掷千金，买最新款的爱马仕口红时眼睛都不眨一下，但她们家里竟然翻不出一只像样的润唇膏，这实在让人不解。口红为你增色的前提是你要有一双光滑细嫩的唇。颜色再漂亮的口红涂在干燥、有唇纹的嘴唇上也很难看出效果。

水煮蛋推荐产品

111skin 太空塑颜细渗唇膜笔

111skin 在修复方面是一把好手。这款产品能淡化唇纹，使双唇看起来水润饱满。它还含有补骨脂酚、棕榈酰三肽 -38 等抗老成分，作为一款润唇产品，含有如此奢华的抗老成分，算是良心产品了。

拯救干裂的嘴唇

不要用无处安放的手来祸害已经干燥起皮的唇部。用手撕扯唇部的死皮治标不治本，还容易伤及无辜，让嘴唇破皮出血，严重的还会引起唇部感染。要拯救干裂的嘴唇，还是从下面几个方面入手才是正道。

第一，饮酒过量、吸烟、吃过多辛辣食物等都会让唇部干裂的问题更加严重，因此日常要保持健康的饮食习惯和生活习惯。

第二，要坚持使用润唇膏。润唇膏不是早晨涂一次就结束了，应该让涂润唇膏成为一种习惯。不妨随身携带一支润唇膏，以便及时滋润唇部，为唇部提供保护。细嫩饱满的双唇能让你在众人中脱颖而出。

第三，如果唇部死皮堆积，可以在睡觉前厚涂一层保湿润唇膏，然后盖上一层保鲜膜，再将温热的毛巾敷在唇部。大概 8 分钟之后，取掉保鲜膜，用湿润的化妆棉轻轻擦掉死皮，再涂上一层润唇膏就可以安心睡觉了。第二天早上，你会看到唇部肌肤明显变得水润、有光泽了。

第四，想要保护双唇，除了选用合适的润唇膏之外，还要改掉舔嘴唇的坏毛病。这个动作既不雅观，又会加速唇部肌肤水分的蒸发，令双唇更加干燥。

最后，如果你的双唇干燥起皮现象较严重，请先暂时停止使用口红或者唇釉，可以先选用比较滋润的润唇膏。如果情况严重，不排除唇炎的可能，应该及时去医院就诊。

雾面的护唇膏没有用，涂上后嘴上像糊了一层油一样尴尬。

亮晶晶的唇部精华可以在晚上睡觉前用，平时用雾面的就足够了。

我每次补妆时会先用纸巾擦掉口红，再用润唇膏重新打底。
过度擦拭和拉扯都会伤害肌肤，唇部肌肤也不例外。
我晚上卸妆时都会用面部卸妆产品一起擦拭唇部，唇部最近竟然有了色素沉着。
唇部肌肤比较娇嫩，一定要选用唇部专用卸妆产品。

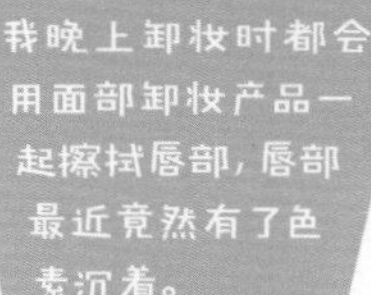

水煮蛋推荐产品

AYURA 夜间唇部修护精华

这款产品如果作为口红的打底，会影响口红的显色和持久度。它更适合用于夜间修复，缓解干燥和唇纹。它还能增加唇部的含水量，就像是为唇部擦了补水精华一样。

资生堂 MOILIP 修护润唇膏

这是一款药用唇膏，适合嘴唇出现干裂以及患有口角炎的人群使用。产品中含有尿囊素、维生素 B_6、生育酚、甘草亭酸等成分，可以舒缓唇部的不适，修复受损的唇部肌肤。

海蓝之谜修护唇部精华

这款唇部精华含有神奇活性精萃成分，可以缓解唇部干燥，淡化唇纹，让唇部看起来水润饱满。它含有薄荷成分，用起来特别舒服，只需要一点儿就可以让干燥微热的唇部肌肤平复下来。

颈部也是颜面

悄无声息的颈纹

颈部的皮肤较薄，皮脂腺和汗腺的数量比面部肌肤少很多，因为皮脂分泌较少，颈部肌肤会更容易干燥，难以保持水润。所以，颈部很容易产生皱纹，这一点和眼部肌肤非常相似。细节决定成败，有多少水煮蛋都是被颈纹这个“叛徒”出卖了年龄。因此，一定要重视颈纹的预防。

导致颈纹出现的原因主要有两个。一个原因是长期日晒和年龄增长导致皮肤内的胶原蛋白流失，久而久之颈纹就会形成。另一个原因则是我们日常生活中的一些不良习惯，例如经常低头看手机、常年枕过高的枕头睡觉等。这些都会造成颈部肌肤被过度挤压，使肌肤纹理变松弛，时间久了，颈纹就会悄悄出现。

颈纹一般都是比较深的沟壑，它悄无声息地出现，逐日加深。绝大部分颈霜等护颈产品只能预防、淡化颈纹，能快速消除颈纹的神奇颈霜是不存在的，那不过是商家的噱头。

那么，如何预防颈部皮肤的老化呢？可以从以下几个方面入手：

1. 定期进行按摩。方法是用手掌从前胸处向上按至下颌。这样可以加快淋巴循环和血液循环，有助于增强颈部肌肤的健康活力。

2. 早晚使用颈霜。除此之外，每星期应做一次全面的颈部护理。

3. 加强对胸部的护理。胸部下垂会加深颈部的皱纹。同时，颈部的衰老也会影响胸部的曲线。因此，建议颈部和胸部一起护理。

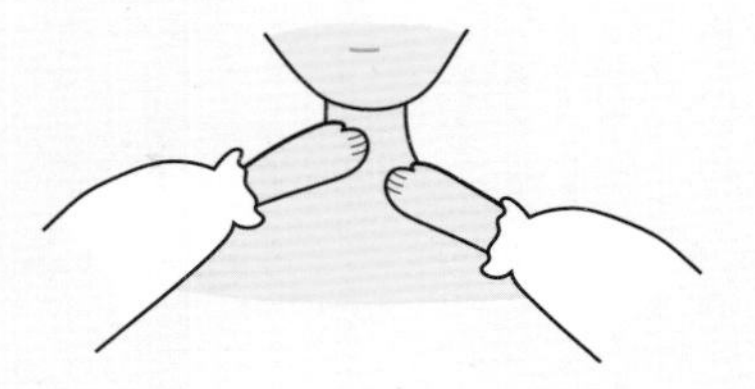

水煮蛋推荐产品

利维肤光采再生美颈霜

这款颈霜质地轻盈，带有防晒值，可以阻拦紫外线的攻击，适合白天使用。它含有多种抗氧化成分和保湿成分，对皱纹有一定的淡化作用，同时还能补充水分，平滑肌肤，改善颈部肌肤的粗糙。

娇韵诗焕颜紧致颈霜

这款颈霜性价比较高。它不但可以缓解颈部肌肤的干燥，还可以缓解和淡化浅层皱纹。使用前建议先将产品在手心稍微温热一下，再轻轻按压在颈部，不要反复揉搓，否则会容易搓泥。

111skin 美颈美胸精华乳

这款产品适合需要抗老的虎皮蛋和贵妇蛋，可以有效解决颈部肌肤和前胸肌肤的松弛问题。它蕴含高保湿成分透明质酸钠以及葡萄籽油、肉豆蔻酸异丙酯等，能提高胶原蛋白的再生能力，淡化颈部皱纹，令肌肤呈现饱满水润的效果。使用时先在有皱纹的地方轻轻打圈按摩，再整体按摩一遍。

颈霜的正确打开方式

使用颈霜之前，一定要用不含酒精的爽肤水打底，这样做有利于颈霜的吸收，不然容易搓泥，还有可能堵塞毛孔，引起粉刺。

选择颈霜时要考虑自己的肤质和诉求。现在市面上的不少颈霜产品除了有保湿滋润的功能外，还可增加颈部的光滑感，对于收紧颈部肌肤甚至防止色斑出现均有一定效果。原则上，只要是成分安全、温和不刺激的颈霜都可以选择。

无论你是哪种肤质，选择了什么样的产品，轻柔的按摩手法都是成功路上必不可少的伙伴。

涂抹颈霜时，先取适量的颈霜在掌心摩擦至温热，然后稍微抬起下巴，用两手的手掌交替沿颈部中线由下往上轻推，重复 10 次左右。按摩完颈部中间后，再用双手的指腹沿颈部两侧由下往上轻推，直到耳后，反复做 10 次。

每只蛋都为自己的脸蛋投入了大量的时间和金钱。可是，有些蛋却对脸蛋的邻居——颈部不管不问，任由它接受风吹日晒。这怎么行呢？颈部不是铜墙铁壁，要像爱护脸蛋一样爱护它。

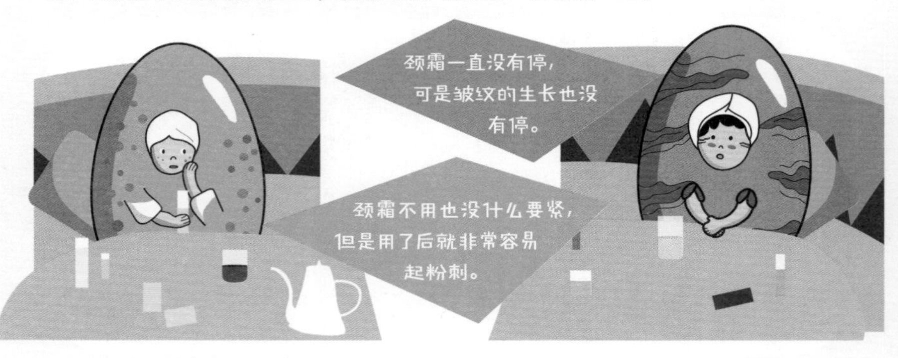

水煮蛋推荐产品

悦碧施紧致抗皱颈霜

这款产品主打抗衰老、紧致功能，适合有抗老需求的虎皮蛋使用。即使不搭配特殊的按摩手法，也能看到这款产品淡化皱纹和提亮的效果。坚持早晚各涂一次，一段时间后即可看到颈部肌肤状况有所改善。使用这款产品时，需在有纹路的地方轻轻横向打圈按摩。

娇兰御廷兰花卓能焕活美颈霜

颈部和胸部之间相互影响，一个老化会影响另一个。这款产品保湿和抗老效果卓越，即使在寒冷的冬季使用也足够保湿。坚持使用这款产品可以增强肌肤的紧致感。它的质地水润不黏腻，可以改善紫外线造成的色素沉着和肤色不均。

纤纤玉手养成记

手部护理知多少

人们常说手是女人的第二张脸。其实，手比脸更容易衰老。这不单单是因为手部的皮脂腺少，很难一直保持滋润，更是因为它每天都十分忙碌。手部的关节每天动辄要完成成千上万次的弯曲，肌肉、肌腱也跟着频繁地拉伸、收缩，所以双手比脸部更需要抗衰老。

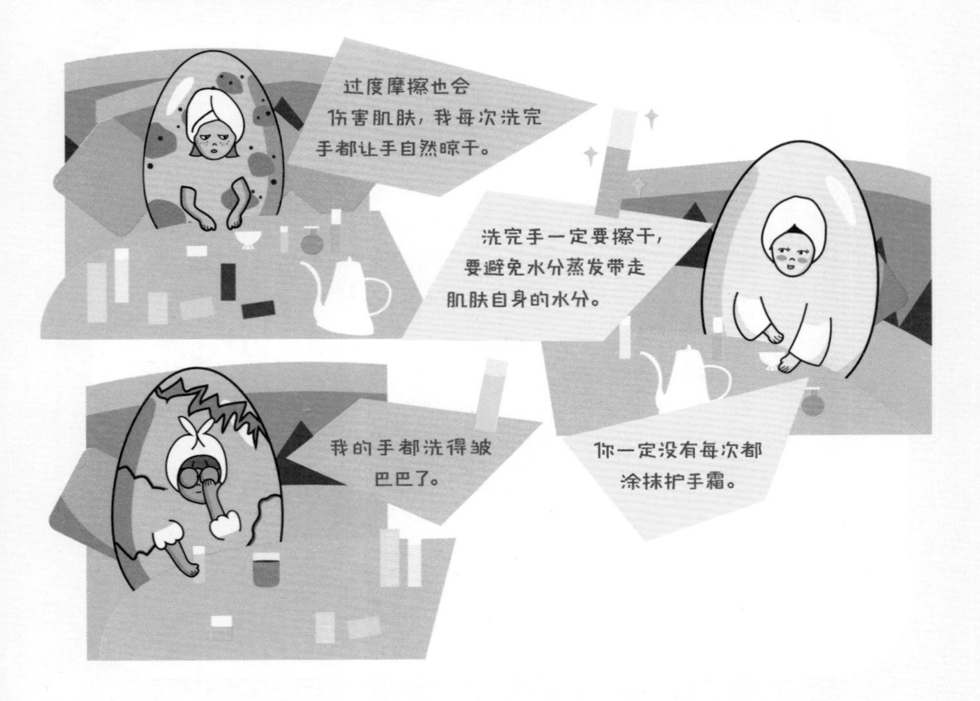

手部护理和脸部护理有许多相似之处。我们都知道洗完脸要及时把脸擦干，以免水分蒸发时带走肌肤自身的水分。手部肌肤亦是如此，洗完手之后一定不能放任不管，要及时把手擦干，然后涂抹护手霜。洗脸水的温度不宜过高，洗手的水温度同样不宜过高。面部需要防晒，手部也是如此。此外，不建议大家频繁洗手，因为这可能会加速手部肌肤的水分流失，导致手部肌肤变得更加粗糙，甚至出现屏障功能受损的问题。平时可以选择氨基酸类的清洁产品洗手。

除了以上种种，女性免不了要操持家务，手部又会经历很多考验。那么，怎么能做到护肤、家务两不误呢？

不管做什么家务，最好都戴上手套，特别是洗碗的时候。不要小看洗洁精的杀伤力。我们可以先给双手涂上厚厚的护手霜，然后戴上手套用温水洗碗，这样可以促进护手霜中营养成分的吸收，相当于做手膜了。你会惊奇地发现，用这种方式护手会比单纯涂护手霜更能令手部保持滋润。

还可以定期给手部去角质。去角质除了能促进护手霜中营养成分的吸收外，还可以改善手部肌肤的暗沉，但是不建议使用含较粗糙颗粒的去角质产品。毕竟，你的目的是去掉老废的角质，而不是抛光。可以选择细沙状或者啫喱状的去角质产品。在夏天时，建议不要在出门之前去角质，否则容易加剧色素的沉着。

护手霜的使用秘籍

护手霜是一种能有效预防及缓解手部肌肤粗糙干裂的护肤产品，经常使用护手霜可以使手部肌肤更加细嫩。护手霜中含有一些重要的油性成分、亲水性保湿成分等，可以保持肌肤的水分含量。此外，护手霜中含有的活性成分可以调理和滋养手部肌肤。

在干燥的秋冬季节，单纯补水的护手霜已经无法满足护肤的需要，我们要选用滋润度更高、含有保湿剂的护手霜。否则，手部肌肤会持续干燥，出现倒刺，甚至皲裂，一颗精致的蛋可不能变成一只充满裂纹的蛋壳。

如果手部肌肤已显现衰老迹象，建议使用抗皱修复型护手霜，例如含有酵母、蜂王浆、水解大豆蛋白等成分的护手霜。如果手部已经出现倒刺、脱皮和开裂等肌肤问题，建议选择含有植物油脂、神经酰胺、木糖醇等保湿成分的护手霜。如果想要进一步达到“指如削葱根”的状态，我们还可以选择一些有美白祛斑效果的护手霜。

经常做家务的人手部容易接触碱性的清洁剂，除了按前文提到的方法戴手套防护外，日常还可以涂天然果油配方的护手霜。这类护手霜含有天然植物油及维生素 E 等成分，可以给勤劳的双手带来温柔的呵护。

另外，手上有伤口时，要避免使用含香料、色素以及其他刺激性成分的护手霜，这些成分不利于伤口的愈合。

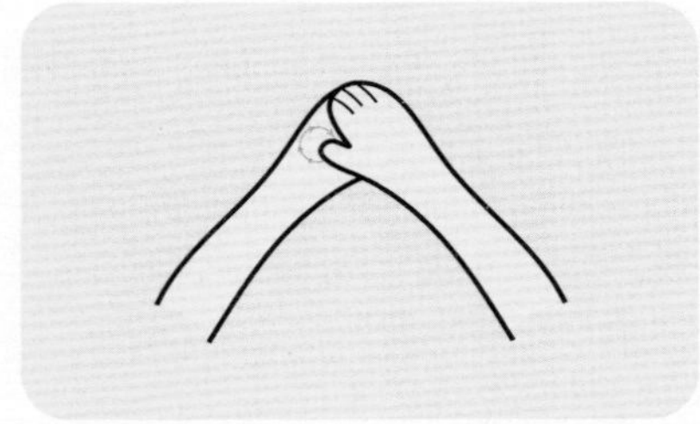

1 根据护手霜的质地，取适量的护手霜于一只手的手背上，将另一只手盖在这只手背上，用大拇指轻轻画圈按摩，促进精华成分吸收。

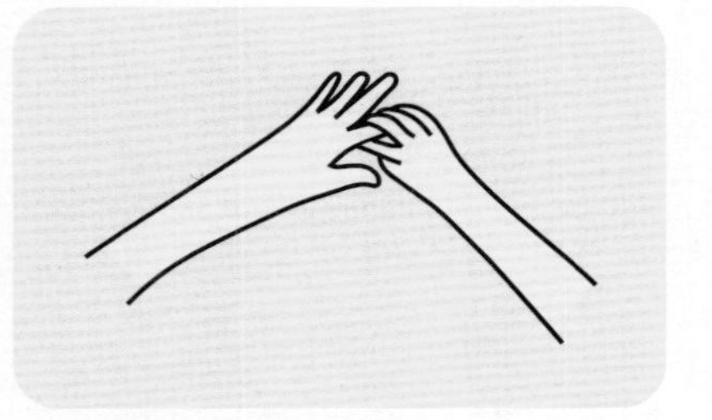

2 按照从指根到指尖的顺序，用一只手的中指和食指挨个刮另一只手的手指。

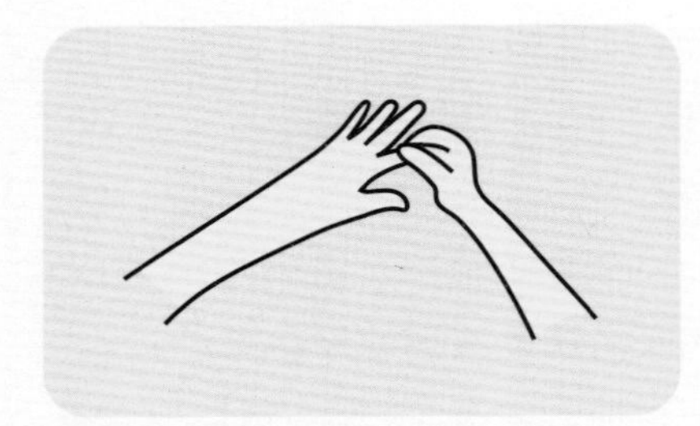

3 用大拇指着重按摩手指上有褶皱的地方，促进纹路的淡化。

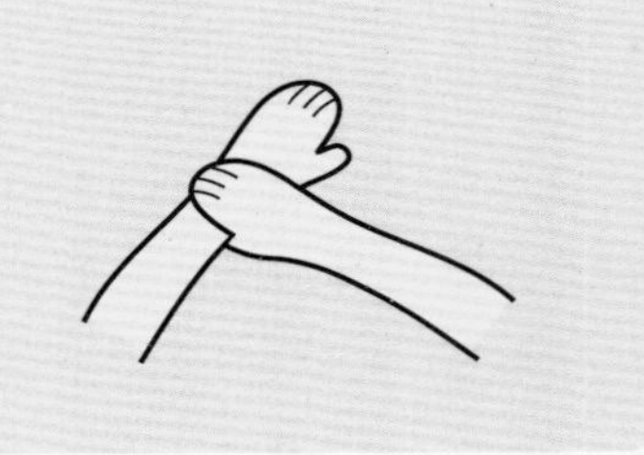

4 最后用手掌握住整个手腕，来回轻轻摩擦，促进产品吸收。另一只手按同样的方式涂抹。

水煮蛋推荐产品

香奈儿护手霜

这款护手霜延续了香奈儿一贯的优雅外形，除了这个经典的白色款外，香奈儿还推出了主打抗老紧致的黑色款，以及特别的“五号之水”。每次使用两粒珍珠大小的量就能让手部肌肤变得柔软。

宝丽护手乳霜

很多人都不知道宝丽是做护手霜起家的。这款产品可以软化角质，帮助营养成分渗透，并形成保护膜。它是细腻的乳霜质地，顺滑不黏腻。元气苦橙搭配安宁舒畅的茉莉形成舒缓神经的香型。它还含有月见草油、油橄榄果油，可以加倍滋润双手。

菲洛嘉焕活凝萃手霜

这款护手霜添加了菲洛嘉的专利成分 NCEF，不但可以滋养肌肤，还有一定的抗老、提亮肤色的作用。它是乳霜质地，延展性好，可以减轻倒刺。

指甲是个千金大小姐

指甲不是无坚不摧

指甲看起来十分坚固，相对于手部肌肤来讲，它更容易被我们忽视。那么，你真的了解自己的指甲吗？

指甲主要由角蛋白和水组成，其中，水分含量约为10%。指甲容易裂开、断裂，这通常与蛋白质、钙、维生素等营养成分的缺乏有关。经常节食、暴饮暴食会带来营养不均衡的问题，这就会导致指甲容易断裂。

除了以上原因，指甲断裂还有一个重要诱因——指甲过于干燥。因为含水量的多少会影响指甲的硬度：当含水量高于20%时，指甲会变软；当含水量低于10%时，指甲很容易开裂。这和干枯的树枝要比富含水分的新鲜树枝更容易折断是一个道理。指甲含水量也会受到外界环境的影响。一般情况下，只要所处环境的湿度适宜，指甲就可以保持正常含水量。如果环境湿度过低或者想进一步加强指甲的保湿，可以选择指甲护理产品。这些产品不但可以促进指甲的生长，还能增加指甲的坚固度，提升指甲的武力值。

剪指甲的心法

水煮蛋有洁癖又有强迫症，总喜欢把指甲剪得秃秃的，这样心里才踏实。但是这种修剪指甲的方式未必就是卫生的。一旦手指前端的软组织没有了指甲保护，那就好比不涂防晒霜去晒太阳，这样反而容易使指甲受到真菌的侵害。

那么，指甲到底应该剪成什么样呢？

首先，指甲过长肯定是不可取的。长指甲不方便清洗，里面可能会残留大量的细菌。但是，指甲剪得太短也不行，也就是说不能把指甲剪得不留一点“云彩”，最好是保留一条细细的小白条。还一点要注意，指甲之下的皮肤是一处容易发生炎症的地方，不要将指甲刀硬塞进指甲缝里剪指甲，这样容易引发细菌感染。

剪完指甲后，可以做些简单的手指按摩，这样可以促进手指的血液循环，从而让指甲获得更好的滋养。此外，可以选择一些护甲的营养油，以使指甲保持光亮、坚韧。

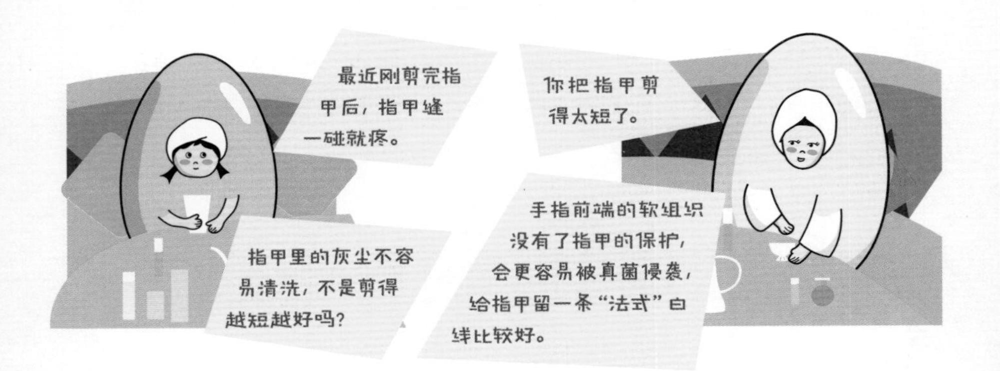

守护指甲的美丽

如果想让指甲保持美丽和健康，除了保证健康的饮食习惯和生活习惯外，还可以在甲根位置涂抹护甲油并减少对甲根的刺激。如果甲根营养不足或者经常受到强烈的刺激，长出来的指甲就会脆弱易断，起不到保护作用。

很多人喜欢给自己的手指或脚趾做上漂亮的水晶甲，有些爱美的蛋更是常年离不开水晶甲。做水晶甲时，先将甲油胶涂抹在指甲上，再用 LED 灯或紫外灯照射，使甲油胶快速凝固成型。甲油胶凝固时的收缩可能会导致指甲发生弯曲，甚至出现断层。另外，在涂甲油胶时美甲师都会对指甲表面进行打磨，这会使指甲变薄。建议喜欢做美甲的人控制好美甲的次数，不要频繁做美甲，平日做好手部护理。如果指甲出现感染等情况，一定要暂停美甲。

说到美甲，就不得不提一个影响指甲美观的不速之客——倒刺。由于手部肌肤上皮脂腺非常少，没有足够的皮脂来滋润自身，因此当肌肤表面缺乏皮脂及水分时，倒刺就容易出现。光洁的指甲周围长了一圈毛糙的倒刺，这真是大煞风景。但是，直接用手去拔倒刺或者用牙啃倒刺会对指甲周围的肌肤造成伤害，甚至会让毛糙现象更加明显。正确的方法是将手指泡在温热的水里，待倒刺软化后，用专业的工具将倒刺剪掉。

水煮蛋推荐产品

迪奥专业护甲霜

这款产品有一股淡淡的花香味。它是一款专业护甲霜，能增强指甲的坚固度，还可以缓解指甲周围皮肤的干燥和倒刺问题，是水煮蛋常用的护甲利器。

拿什么拯救你，我的头发

认清脱发的真面目

众里寻发千百度，蓦然回首，头发掉在灯火阑珊处。曾经我们觉得脱发离我们很远，可是由于我们戒不掉熬夜和各种不良的饮食习惯，身体过度消耗，结果脱发早早进入了我们的生活，成为我们不得不解决的一个难题。

虽然脱发是个让人抓狂的问题，但是正常人平均每天会掉 50 ~ 60 根头发，因此，我们也不用在地板上见到掉落的头发就把这当成“秃头”的预兆。但如果一天掉的头发超过 100 根，就要引起重视并采取措施了，如果这种情况持续两个月以上，就要尽快就医。不要等渐行渐宽的头发分界线由单车道变成双车道，发际线也逐渐后移时，才追悔莫及。

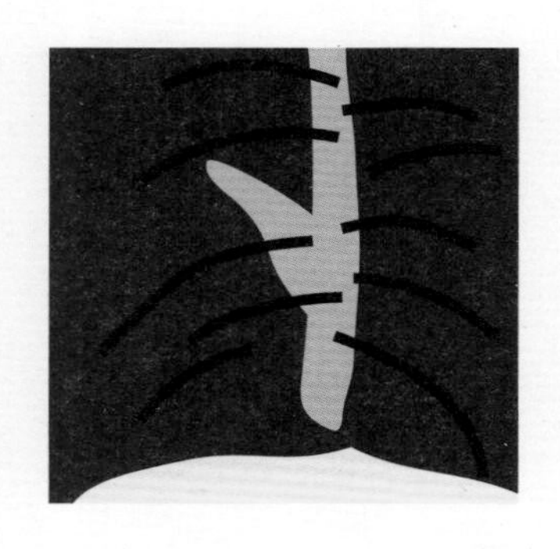

脱发其实也分很多种，搞清楚脱发的原因才能对症下药。在这里，我们仅简单介绍三种。

1. 休止期脱发

头发生长具有周期性，分为生长期、退行期和休止期。休止期是头发停止生长的阶段，正常情况下，处于休止期的头发约占所有头发的 10%，但如果处于休止期的头发骤增到 20%，就需要引起重视，这时整体发量会变稀疏。如果不及时干预，那么我们非常有可能变成荷包蛋。

休止期脱发分为急性和慢性两种。急性休止期脱发通常与压力、激素变化、高烧和生育等原因有关。比如，女性在生育后大多会面临脱发的问题，问题通常在产后 2 个月出现。怀孕时，受雌激素的影响，头发的生长周期会变长，而产后激素回到正常水平，之前“超期服役”的头发会快速进入休止期并开始脱落。但如果产后 2 年后头发依然大量掉落，那就应该及时就医了。

慢性休止期脱发更像温水煮青蛙，通常在半年以上才会出现明显的症状——头发稀疏，这种缓慢的变化很容易被忽视。慢性休止期脱发在日常生活中并不罕见，缺铁性贫血以及一些慢性疾病都可能导致慢性休止期脱发。它虽不像急性休止期脱发那样能明显让你感觉到脱发这个残酷的现实，但是它造成的脱发量累计起来也是不小的数目。可能等你发现的时候，发际线已经明显后移了。

2. 年龄增加引起的脱发

随着岁月的流逝，我们的身体远不如年轻时那样有活力，头发也会日渐变得脆弱易断。一般来讲，步入更年期的女性都可能出现脱发的困扰，尤其是在绝经之后，脱发现象可能会更明显。

3. 雄激素性脱发

这种脱发主要受雄激素的影响，雄激素水平过高会让头发正常的生长周期缩短，还会使发丝变细。这种“先天不足”的细软发丝，本就更易脱落。

除了上述几种情况，平时过于频繁的美发和不当的洗护方式也会成为脱发的帮凶。比如烫发、染发的频率过高，经常使用电吹风将头发完全吹干等，都可能导致头发变得脆弱、易脱落。

饮食同样也会影响头发的质量。头发主要由角蛋白构成，角蛋白是由氨基酸构成的，其中有的氨基酸是人体无法合成的。想要有一头乌黑亮丽的秀发，一定要多吃富含蛋白质的食物，如鸡肉、鱼、豆腐等。一些脂肪酸有助于毛囊的血液循环，它们对于头发来说同样不可缺少。这些营养成分不但可以给头发提供营养，还有美肤的作用。

另外，酗酒也会对头发造成伤害。过度饮酒会导致肠胃吸收蛋白质等营养成分的能力减弱，头发缺少营养供给，自然就会变得干燥、易脱落。

你真的会洗头吗?

洗头是我们从小到大做了无数遍的事情，相信大家都不陌生。可是，你有没有想过，这个你重复过无数次的动作里也有很多学问。怎么洗头对头发最好呢？看看水煮蛋的建议吧：

1 洗头前先用气垫梳将头发梳理一遍，把打结的头发轻轻地梳开，一定不要生拉硬拽。

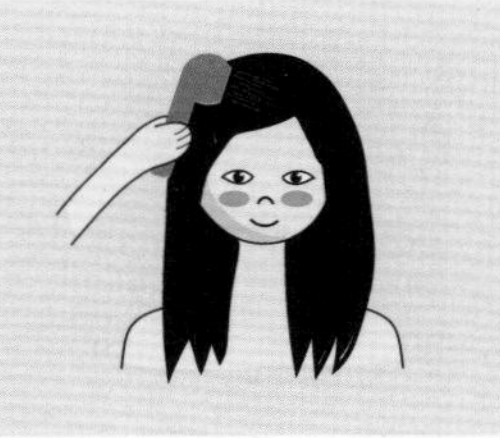

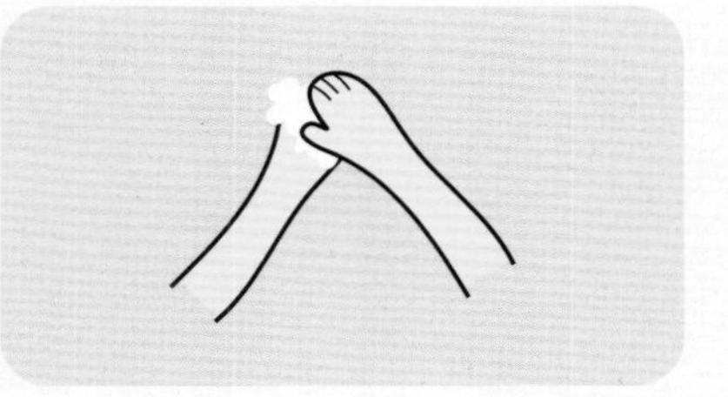

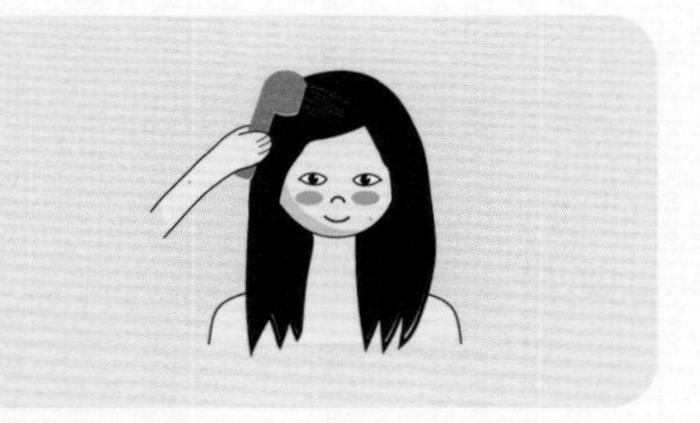

2 用温水轻柔地打湿头发和头皮。然后将洗发水倒在手心，轻轻揉搓将其打出泡沫后涂抹在头发上，用指腹（不要用指甲）按摩头皮，3 分钟后用温水将洗发水冲洗干净。

3 取适量护发素，将其涂抹在发丝中部至发尾部分，注意不要让护发素接触头皮，3 ~ 5 分钟后用温水冲洗干净。

4 将毛巾盖在头上，轻轻地按压头皮，吸掉头发表面的水分，然后用吹风机将头发吹至半干。吹头发的时候，吹风机应距离头发 20 厘米左右，待头发吹到半干的时候涂一些护发精华。不要湿着头发去睡觉，否则次日清晨容易头疼，而且长期处于潮湿状态的头皮的屏障功能会下降。

那么洗发水该怎么选呢？硅油洗发水会导致脱发吗？

不知从何时开始，硅油就和皂基一起被钉在了耻辱柱上，人们甚至把有无硅油作为界定洗发产品优劣的标准。其实，硅油并不是一无是处，它有很好的封闭性，是保湿能手，在我们烫发、染发的时候，它能对我们的发丝形成保护作用。在正确使用的情况下，硅油洗发水不会对头皮产生不利的影响，也不会导致脱发。但是，如果在清洗的时候没有将硅油洗干净，就可能引发一些头皮问题。其中，最常见的就是由于毛孔堵塞引起的炎症问题。

每到换季的时候，很多人不但面部肌肤干痒，头皮也会发痒，生出头屑。建议大家在换季的时候选择氨基酸型洗发水。

此外，有脱发烦恼的人平时可以适当做一些按摩，以改善头皮血液循环。比如，可以按压头部的百会穴、神庭穴以及后颈的风池穴等。但头皮有皮损时，要暂停按摩。

水煮蛋推荐产品

Leonor Greyl 蜂蜜洗发水

Leonor Greyl 是法国殿堂级的护发品牌，品牌秉承了自然、环保、健康的理念，保证所有产品不含合成起泡剂。无论你是什么发质，总能找到适合你的一款。这款洗发水含有水解小麦蛋白等成分，可以令发丝更强韧，有助于改善脱发问题。如果你之前使用的是含有硅油的洗发水，初用这款洗发水时会觉得有干涩感，但是头发干了后会明显变得柔滑、有光泽。

足部不应该是护理盲区

干燥的脚后跟

足部肌肤和手部肌肤一样，由于缺少皮脂腺而特别容易干燥，尤其是在干冷的秋冬季节，如果不注意保湿，我们很容易在脱下袜子的时候听到角质和袜子撕心裂肺的呐喊。足部肌肤又和手部肌肤不同，手部肌肤可以经常受到护手霜的呵护，而足部肌肤经常被忽视。

该怎么关照足部肌肤呢？如果脚后跟特别干燥、毛糙，我们可以用含尿素的保湿霜来缓解。足部的毛糙大多是由角质层增厚、变硬引起的，而角质是由蛋白质构成的，尿素具有使蛋白质变性的功能。一般连续使用两周后，脚后跟干燥的情况便可以得到明显缓解。

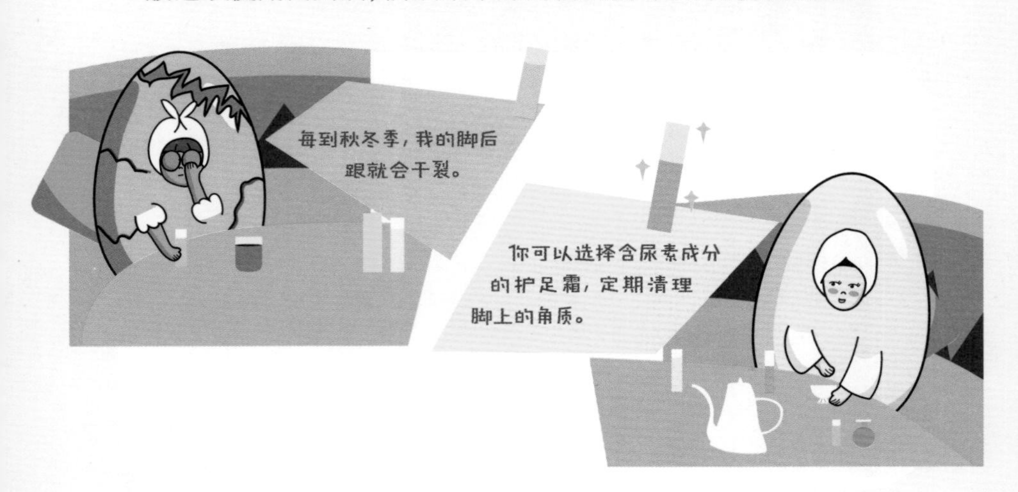

如果足部肌肤的角质层过厚，可以在洗澡或泡脚后用磨脚石轻轻搓磨足部，再涂抹上厚厚的一层保湿霜。这样不仅可以滋润肌肤，还可以促进足部血液循环。

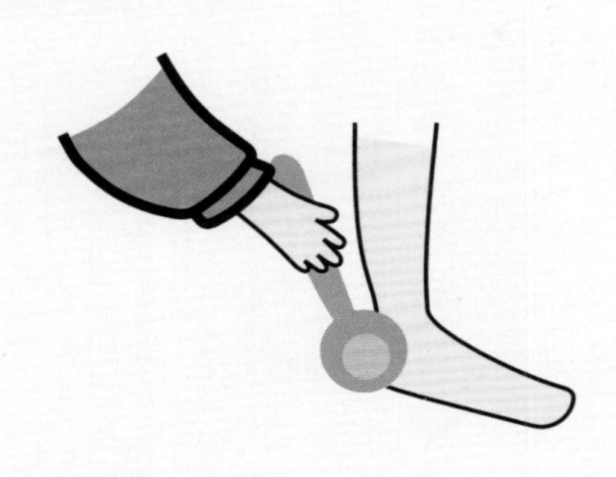

水煮蛋推荐产品

乐慕康（Dermal Therapy）铂金版急救足霜

这款产品是专门针对脚后跟角质增多、干裂等问题研制的，可以软化角质，帮助老废角质脱落。它含有尿素，可以滋养肌肤，令肌肤更加柔嫩。坚持使用一段时间后就可以看到足部干燥的改善效果。

曼秀雷敦足部修护霜

这款产品中添加了高达 20% 的尿素，能够充分滋润肌肤并可以软化脚后跟的角质。其中的维生素 E 衍生物可以促进足部的血液循环，加快细胞的新陈代谢。这款产品采用了高渗透技术，大大提高了渗透率。它除了可以用在足部之外，还可以用在关节等有角质硬化问题的部位。

尴尬气味的幕后黑手

汗脚通常伴随着令人尴尬的气味。我们总觉得身体的气味是由汗液产生的，其实这是汗液与细菌共同作用的结果。在我们大量出汗时，皮肤长期处于潮湿状态，很容易导致细菌滋生。汗液本身没有难闻的气味，难闻的气味来自细菌分解汗液时产生的脂肪酸和氨等代谢产物。所以，细菌才是气味的罪魁祸首。透气性差的鞋子与皮肤褶皱部位都是细菌“作妖”的好地方。细菌“作妖”的时间越长，它们制造出来的气味也越浓烈。

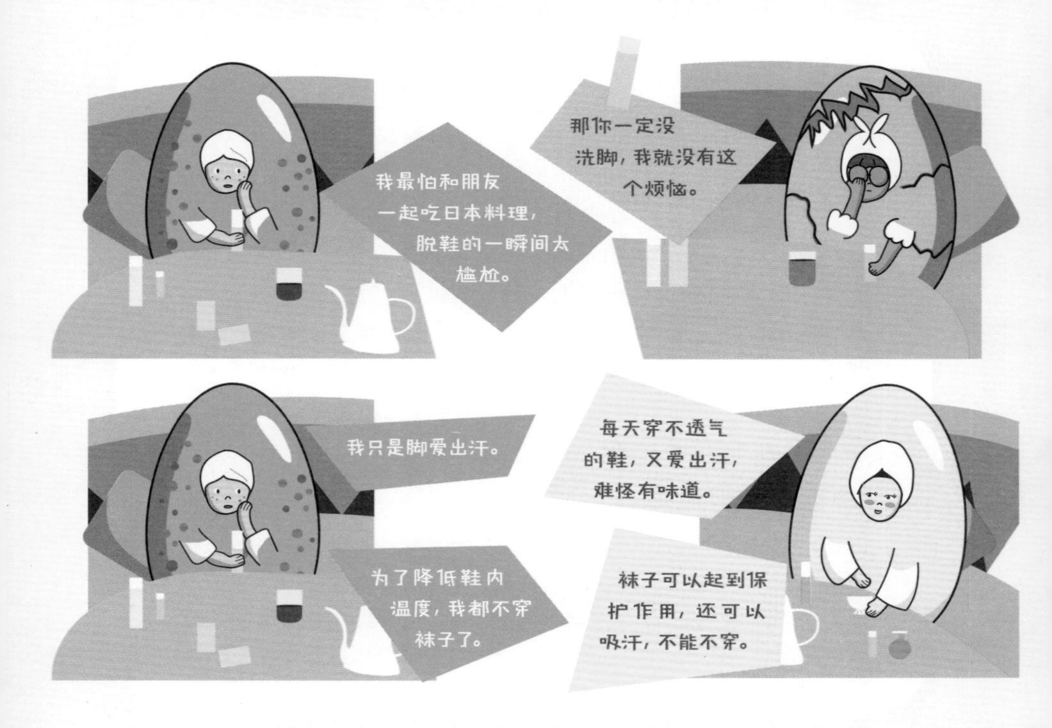

为了减少和防止尴尬气味的出现，我们需要注意以下几点：

1. 注意个人卫生。平日勤洗脚、勤换袜子。夏天时最好不要连续几天穿同一双鞋。要保持鞋子的清洁和干燥。

2. 一年四季都要选择质量好、无异味的袜子和鞋子，特别是在炎热的夏季，建议选择透气性好的鞋子。

3. 注意饮食。经常吃大蒜、洋葱等辛辣刺激性食物会刺激汗液的分泌，从而增加尴尬气味产生的可能性。建议大家尽量保持清淡饮食，戒烟戒酒，多吃富含膳食纤维的蔬菜、水果。

4. 保证每天摄取足够的水分，在容易出汗的夏日更要多喝水。

别让鞋子毁了脚

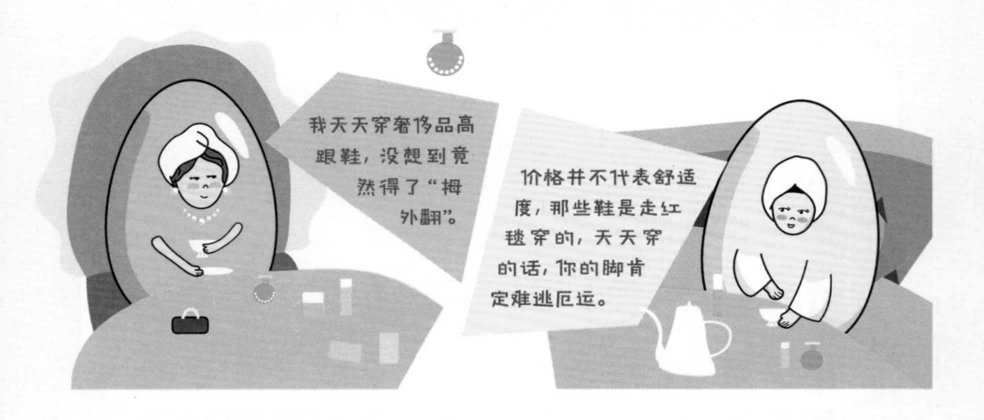

很多漂亮又爱美的蛋选鞋子的时候，会在美丽和舒适之间毫不犹豫地选择美丽。有些鞋子简直像刑具一样：尖尖的鞋头细细的跟。这种鞋是为舞台而生的，不是拿来踩马路的。

长期穿不舒适的鞋子走路会导致足部肌肤磨损受伤，时间久了还会造成足部骨骼变形。比如经常穿高跟尖头鞋可能会造成“拇外翻”。这个问题不仅仅会影响到足部的美观，发展到一定阶段后，即使穿着合脚的运动鞋走路足部也会感觉疼痛或不适。

俗话说，鞋合不合适，只有脚知道。一双理想的鞋子应是这样的：上脚后鞋里还有一定的空间，不至于让脚趾紧紧挤在一起；鞋里有合适的鞋垫，鞋垫不会随意滑动，鞋底面与足弓的弧度契合；走路时鞋子不磨脚。如果你不知道该选择什么尺码的鞋，可以让售货员推荐几个尺码，再挨个试一试，当你用脚尖顶住鞋头时，如果脚后跟与鞋后帮之间还能伸进一根手指，说明这个尺码是刚好合适的。

第3章

问题肌的救赎

关于皮肤屏障

皮肤的蜕变

皮肤具有屏障、吸收、分泌、排泄、代谢、免疫、体温调节及感觉等功能。其中，屏障功能是基础，即对外抵抗污染物、日光等的侵袭，对内防止体内营养物质、水分的流失，使皮肤维持正常的生理功能，预防某些皮肤病的发生。美国学者伊莱亚斯（Elias）将皮肤屏障比喻成砖墙：其中，角质细胞是“砖块”，天然保湿因子和细胞间脂质是“灰浆”。最外层的皮脂膜类似于墙体的涂料，它与“砖墙”共同形成了皮肤的保护屏障。

我们的皮肤由表皮、真皮和皮下组织构成。其中与护肤关系最密切的是表皮。表皮由基底层、棘层、颗粒层、透明层和角质层五部分构成，其中，透明层仅在掌跖等表皮较厚的部位出现。从基底层细胞开始，角质形成细胞不断分化，并向上移行，经历棘层、颗粒层后，最终成为角质层细胞而完成其角化过程。通过角化，表皮细胞不断地迭代，也就是我们常说的“新陈代谢”。这个过程通常需要 28 天，代谢太快或者太慢都会引发皮肤问题。如果代谢太快，角质层就会变薄，皮肤的屏障功能也会随之下降；如果代谢太慢，角质层就会变厚，但是这并不能增强皮肤的屏障功能，反而可能会引发让我们头疼的粉刺、暗沉，甚至是皱纹等问题。

皮脂膜覆盖在皮肤表面，是由皮脂腺分泌的皮脂、汗腺分泌的汗液和角化细胞崩解产物经过低温乳化而形成的一层保护膜。一旦皮脂膜遭到破坏，皮肤的锁水功能降低，皮肤就会变得干燥、失去光泽。

皮肤屏障是皮肤最外层的一张防护网，就像一位勇敢的卫士守护着皮肤的健康。它的防御功能主要靠角质层实现，皮肤屏障功能的强弱是由角质层的状态是否良好来决定的。

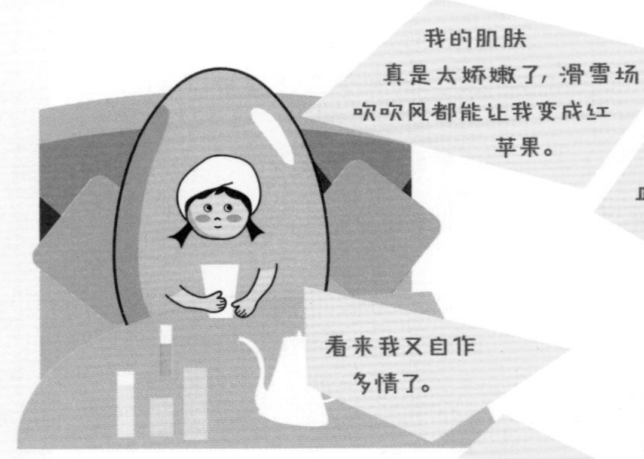

水煮蛋推荐产品

赫莲娜活颜修护舒缓滋润晚霜

赫莲娜最出名的就是“黑白绷带面霜”。这款“黑绷带”的配方中添加了高达 30% 的羟丙基四氢吡喃三醇（玻色因）溶液。这款晚霜可促进受损组织再生，修复炎症给皮肤带来的伤害，同时兼具抗老作用。它不像同类修复产品那样油腻，不会带来油光满面的尴尬以及致痘的风险，适合油腻、容易起痘痘的八宝蛋使用。它不含酒精，敏感的皮肤也可以用它。它也适合用来修复常年经受日晒的皮肤。

海蓝之谜经典精华面霜

很多人对这款面霜趋之若鹜。产品中添加的大量藻提取物使其具有强大的修复功能，对红血丝的修复效果尤其明显。它还有增厚角质层的效果，所以有人感觉用了这款精华面霜一段时间后脸上的毛糙感增加了。这款产品还含有保湿性较强的甘油，甘油是缓解皮肤干燥的利器。但是对于皮脂分泌旺盛的八宝蛋而言，如果没有控制好用量或使用手法，这款面霜就有致痘的风险。

使用这款面霜时，一定要先在掌心将其温热乳化使其呈透明状，再轻轻按压到脸上。如果直接涂在面部，会影响修复效果，还容易搓泥，影响后续上妆。

保护脆弱的皮肤屏障

风吹日晒、情绪变化、花粉、灰尘、细菌等都能刺激皮肤。尤其在春夏交替的时节，无论你是哪种肤质，你的皮肤都会处于一年中较为脆弱敏感的阶段。随着气温的升高，汗液和皮脂分泌增加，它们与污垢混为一团后，也会对皮肤形成刺激。健康的皮肤屏障完全可以抵抗这些外敌的侵袭，如果皮肤屏障受到严重的破坏，皮肤的防线被击溃，外敌就会肆意地侵入皮肤，让皮肤呈现“亚健康”状态。暴饮暴食和熬夜等不良的生活习惯会导致细胞再生所需的营养元素不足，还会导致皮肤里的细胞间脂质和天然保湿因子不足，从而导致皮肤屏障功能降低。

过度清洁、过度摩擦、过度护肤都是削弱皮肤屏障防御能力的因素。长期用过热的水、皂基洗面奶洗脸或频繁洗脸都会破坏正常的皮脂膜，皮肤屏障失去了左膀右臂便更容易受到攻击。如果再频繁使用磨砂产品或者含有水杨酸等具有软化角质作用的产品，无疑是在伤口上撒盐。用化妆水擦拭皮肤进行二次清洁这种操作也要停止。对花粉过敏的人，每到花粉季节都会有鼻炎等问题，此时不宜用力擦拭鼻子，可以选择针对鼻炎患者设计的相对柔软的纸巾，以减少对皮肤的刺激。

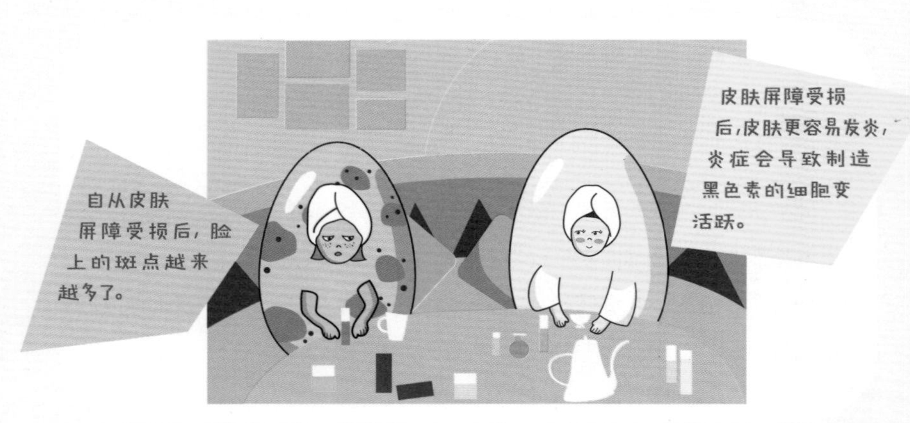

紫外线对皮肤屏障的破坏也不容忽视，过度照射紫外线会导致皮肤合成脂质的能力减弱，进而可能使皮肤角质层锁水能力下降、敏感度增加。

痤疮和炎症频发的部位，皮肤屏障也会被破坏，从而导致屏障功能受损。

皮肤原本强大的防护网一旦被破坏，“敏感”这位不速之客就会常来光顾，炎症这个跟班也会随之而来。炎症会使制造黑色素的黑素细胞异常兴奋，黑色素的合成变多了，色斑自然就会有恃无恐地爬上皮肤表面。

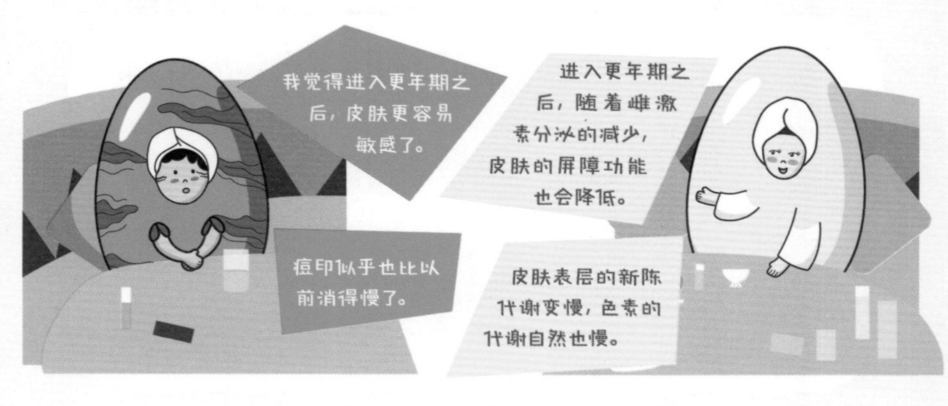

水煮蛋推荐产品

海蓝之谜沁润修护精萃水

这款产品是由 99% 的精华和 1% 的水组成的高机能精华水，它含有灵魂修复成分——神奇活性精萃，对修复角质层和面部红血丝有不错的效果。它虽然质地浓稠，但它有卓越的延展性和渗透力，一元硬币大小的量足够全脸使用，建议少量多次涂抹。它适合在秋冬季使用，干性肌肤的人日常也可以用它来缓解日晒后的皮肤缺水问题。

111SKIN 逆时空焕颜再生凝露

这款凝露除了可以修复皮肤屏障，还可以减轻污染物对皮肤的刺激。官方宣称它能有效抵抗自由基，还能帮助皮肤恢复正常的 pH 值并锁住水分。它不含防腐剂，蛋壳也可以放心使用。

除了防御，还能锁水

前面我们已经提到，皮肤屏障主要肩负两大责任：对外防御，防止有害因素的侵害；对内保护，防止组织内的各种营养物质流失。下面我们来聊一聊皮肤的锁水功能。

如果表皮锁不住水分，用再多的补水产品都是徒劳的。皮肤屏障就像一层保护膜，它一旦出现了破损，皮肤的失水速度就会变快，这样角质层含水量就会大大降低。如果表皮层含水量低于正常水平，皮肤就容易出现干燥、紧绷、敏感等问题。长此以往，胶原蛋白也容易流失，从而导致皮肤出现松弛等衰老迹象。

皮肤屏障的锁水工作主要由细胞间脂质承担，此外，它还有两名助手：天然保湿因子和皮脂膜。

天然保湿因子（NMF）是指皮肤角质层中能与水结合的一些小分子的皮肤代谢产物。其主要成分是氨基酸、吡咯烷酮羧酸、乳酸盐和尿素等。这些成分可以帮助角质细胞吸收水分，维持角质层的水合功能，使皮肤保持水润的状态。皮脂膜中的皮脂能有效防止水分的散失。某些洗面奶中所含的乳化剂和表面活性剂能破坏皮脂膜，导致其锁水功能下降。所以一定要选择合适的洗面奶，尽量不用去角质产品，避免过度清洁。当皮肤屏障受损时，我们可以使用含有天然保湿因子且无酒精的护肤产品来修复皮肤，帮助皮肤恢复稳定状态，如果皮肤屏障受损严重，一定要去医院就诊。

可是自从我用了修复屏障的
精华，脸竟然变得
毛糙了。

水煮蛋推荐产品

蓓欧菲益肌焕颜修护精华露

这款产品有修复皮肤屏障的作用，是脆弱、敏感的蛋壳度过春季敏感期和冬季干燥期的好助手。敷面膜的时候滴几滴进去，能缓解脸部泛红现象。睡觉前用上它，一觉醒来，皮肤仿佛恢复了元气，有了久违的光泽和滑嫩感。

和海蓝之谜浓缩修护精华露相比，这款产品更保湿滋润，但渗透力很好，不会有闷痘的烦恼。因此，无论是干燥的蛋壳还是容易长痘的八宝蛋都可以轻松驾驭它。

海蓝之谜浓缩修护精华露

这款产品主打修复功效，可以舒缓红血丝，增加角质层厚度。这款精华不用全脸使用，只需将它点涂在需要修复的部位即可。它能让痘痘褪红，对新生痘印的修复效果较好。它也可以用于激光术后的皮肤修复。相对于厚重的精华面霜，它的质地更加轻盈，还可以促进精华面霜的乳化。

色斑走开!

色斑从哪里来?

色斑是指皮肤上由于黑色素分布不均匀而形成的颜色加深的斑点，多发于脸颊和前额部位。色斑可分为定性斑和活性斑。定性斑的性质比较稳定，不受外部环境影响，一经祛除后，不易再发，比如老年斑、雀斑。活性斑性质不稳定，易受外部环境影响，容易反复产生，比如黄褐斑。不论何种类型的色斑都逃不开黑色素增多滞留脸部这一核心问题。

雀斑通常在幼年出现，表现为星星点点的小色斑，颜色较浅。雀斑多是遗传性的，与日晒也有关系，好发于鼻子、脸颊、眼睑等部位。

黄褐斑多见于中年女性，会在眼睛下方、脸颊、额头、嘴周等部位对称出现。

老年斑好发于额头、脸颊处，通常呈淡褐色，颜色会随着年龄的增长而逐渐加深。

有很多喜欢与阳光亲密接触的人都会不同程度地被色斑困扰。他们和紫外线的关系可以说是“无论你虐我多少遍，我都待你如初恋”。殊不知，色斑的加重往往都离不开紫外线的推波助澜。

负责制造黑色素的细胞叫黑素细胞。黑素细胞上有一些树枝状的突起，这些突起可以与角质形成细胞相连接，将黑色素输送到表皮。黑色素能够吸收紫外线，所以，它可以保护我们的细胞，防止细胞核中的染色体被紫外线损伤。由此可见，黑色素的存在原本是为了保护我们的皮肤。

黑色素的合成过程比较复杂，涉及多种酶，其中主要的限速酶是酪氨酸酶。强烈的紫外线会激活酪氨酸酶的活性，促使黑素细胞制造更多的黑色素来抵抗紫外线的伤害。通常情况下，这些黑色素会随着新陈代谢从皮肤表面脱落。但是，如果长时间接受大量紫外线照射，黑色素的代谢速度赶不上合成的速度，黑色素就会在皮肤表面渐渐积聚成团，形成色斑。所以，千万不要给紫外线任何可乘之机，一旦防护有了漏洞，它们便会伤害我们的皮肤。

自由基也能激活细胞里的酪氨酸酶的活性，从而加速黑色素的生成。有的人常年熬夜，结果年纪轻轻就长了老年斑，其中就有自由基的“功劳”。

摩擦也是加重色斑的帮凶。我们平时洁面、涂护肤品或化妆的动作，都会对皮肤产生一定的摩擦，而摩擦也会刺激黑色素的产生。

此外，色斑与肝脏功能不好、压力过大、内分泌失调、营养不良等也有一定关系。所以，我们要保持良好的生活习惯和饮食习惯，尽可能将色斑扼杀在摇篮中。

怎么哪儿都有黑
色素？粉刺留下
的痘印里也有它。
皮肤受损后，各种炎症因
子增多，导致黑素细胞
活跃，使黑色素的产生
增多。

色斑会“隐身”

色斑善于伪装，看不见它并不意味着它就不存在。表面看起来白皙通透的水煮蛋的皮肤底层不见得没有斑点。斑点在“冒头”之前通常已经在皮肤底层潜伏了许久，看似突然出现，实则蓄谋已久。等斑点在皮肤表层占有一席之地的时候，皮肤底层已经聚集了大量黑色素。鹌鹑蛋就是这样诞生的。

不要存在侥幸心理，更不要拿自己的好奇心去考验自己的皮肤。如果你觉得自己怎么晒太阳、怎么折腾，皮肤都没有长斑，这或许只是因为你还年轻，新陈代谢比较快，黑色素没有机会过度积累。等到年过三十，皮肤新陈代谢远不如之前顺利和快速，色斑很有可能会出现。尤其是怀孕生产之后，色斑更容易不请自来。

水煮蛋推荐产品

芮芙莁复颜紧致精华

芮芙莁是西班牙品牌。这款产品含有 10% 的抗坏血酸（维生素 C），美白功效很明显，适合温泉蛋和喜欢熬夜的水煮蛋用来提亮肤色。外包装采用了转盘的设计，这使得产品取用方便，很适合旅游时使用。胶囊外壳采用了环保的可降解材料，在炎热的夏季很容易“融化”，一定要把产品放在阴凉避光处。

宝丽炫白局部精华霜

宝丽的美白产品非常有名。炫白系列精华分局部和全脸两种，两种产品的质地不同。全脸精华特别清爽，就像清水一样。局部精华则是霜状的，要稍微在脸上停留两分钟再按摩至吸收，直接推开反而不易吸收。局部精华还可以用来淡化新生痘印，坚持使用一段时间后就可以看到痘印的淡化。

全方位淡斑行动

如果在色斑形成初期就及时出手，或许可以让色斑淡化甚至消失，如果错过色斑的最佳改善期，恐怕就要花费几倍的功夫才能使其淡化。抓住时机的同时，我们也要注意方法，盲目地祛斑只会让皮肤伤痕累累。我们要搞清楚色斑的类型，再有针对性地祛斑。当然，我们在平时一定要做好防护工作，毕竟在护肤界，预防大于修复。

首先，一定要做好防晒工作（参见第 1 章《防晒才是硬道理》）。当然，紫外线并不是一无是处，它可以促进人体维生素 D 的合成，而且有杀菌作用。晒太阳的最佳时间是早晨 6 点至 10 点以及下午 4 点至 5 点。外出时，尽量避开上午 10 点到下午 2 点这段时间，因为这个时间段的紫外线是一天中最强烈的，对皮肤的杀伤力很大。

其次，一定要减少机械摩擦对皮肤的刺激。摩擦也是色斑产生的帮凶。平时不要大力揉搓皮肤，涂抹化妆水时也不要用化妆棉用力摩擦，这些都会增加色斑出现的风险。

再次，要避免食用完光敏性食物后就接触强烈的紫外线。光敏性食物中含有光敏性物质，光敏性物质会提高皮肤对紫外线的感受性，从而加速黑色素的形成。常见的光敏性食物有芹菜、苋菜、荠菜、菠菜、香菜、柠檬、菠萝、无花果等。

除了光敏性物质，不良的生活习惯也会加速色斑的形成。比如，吸烟者就比非吸烟者更容易长斑，这是因为尼古丁会激发自由基的生成，而自由基会激发酪氨酸酶的活性，从而促进黑色素的生成。此外，尼古丁还会减缓皮肤新陈代谢的速度。

皮肤屏障受损后，皮肤免疫力下降，受到一些刺激时皮肤更容易发生炎症，炎症又可能导致色素沉着。因此日常要注意保护好皮肤屏障，不要过度清洁。

维生素 C 是色斑的劲敌。这是因为维生素 C 具有很强的抗氧化能力，它不仅可以抑制自由基的活动，还可以抑制合成黑色素所需的酪氨酸酶的活性。此外，维生素 C 还能帮助已经生成的黑色素还原。因此，我们平时可以多食用一些富含维生素 C 的食物来抑制黑色素的生成。

当然，我们还可以使用具有美白成分的护肤品。烟酰胺、熊果苷、稳定性更高的维生素 C 衍生物、甘草提取物、曲酸、壬二酸等都是不错的美白成分。

色斑是黑色素长年累积的结果，其形成是个“量变引起质变”的过程。用“水滴石穿”来形容美白淡斑再合适不过了。因此，不要小瞧每天点滴的美白和防晒工作，保持自律，不放弃每一点儿小的努力，就一定能见到效果。

水煮蛋推荐产品

科颜氏集焕白均衡亮肤淡斑精华液

这款精华含有具有抗氧化、预防黑色素生成功效的牡丹根提取物和具有加快角质更新、加快黑色素脱落功效的水杨酸，可以有效提亮肤色。但水杨酸不适合敏感的皮肤使用。产品中添加了性质相对较稳定的维生素 C 衍生物（3-邻-乙基抗坏血酸），即使在白天也可以安心使用。此外，它所含有的羟丙基四氢吡喃三醇（玻色因）可以促进胶原蛋白的生成，实现抗衰老的作用。

111SKIN 黑钻视黄醇护肤油

这款精油含有 1% 的视黄醇，可加速皮肤的新陈代谢，减少衰老迹象。产品中的金刚粉有一定的去角质作用，可使皮肤变得细腻柔嫩。长期使用这款产品可以淡化痘印和斑点，让肤色恢复白净。使用时，建议先建立耐受性。初次使用时，可以一周一次，每次 1~3 滴，等皮肤逐渐适应之后再加量，变成一周两次，再到隔天一次。视黄醇具有遇光不稳定的特性，建议在夜间使用本产品。

脆弱的敏感性皮肤

你是敏感性皮肤吗?

“敏感”是一个我们常常会听到的词，也是很多人在护肤路上遇到的一座不得不翻又很难翻越的大山。那么，你知道“敏感”到底是怎么回事吗?

用专业的话来讲，敏感性皮肤是指皮肤在生理或病理条件下发生的一种高反应状态，临床表现是受到物理、化学、精神等因素刺激时皮肤容易出现灼热、刺痛、瘙痒以及紧绷等主观症状，还可能伴有红斑、鳞屑、毛细血管扩张等客观特征。简单来说，敏感是皮肤的一种不耐受的状态，在受到外界刺激后，皮肤就会表现出一系列不舒服的反应。

如今，大家越来越关注护肤，“敏感”似乎成了一种普遍现象，“修复”也成了一种潮流。但是，在对皮肤进行修复之前，我们还是要先判断一下自己到底是不是敏感性皮肤。

要怎么判断呢? 我们可以通过一些自己的日常感受简单判断一下。在平时注意观察一下自己是否有以下情况:

1. 在室温稍高时、洗完澡或者适量运动后，自己的脸总是比其他人的脸更红，甚至出现红血丝。

2. 对于某种基础护肤品，其他朋友用了都没问题，自己用了就有刺痛感。

3. 如果用太热或者是太冷的水来洗脸，皮肤会有些发红，有时还会瘙痒。

如果以上情况中你符合一条或多条，那你很有可能是敏感性皮肤。

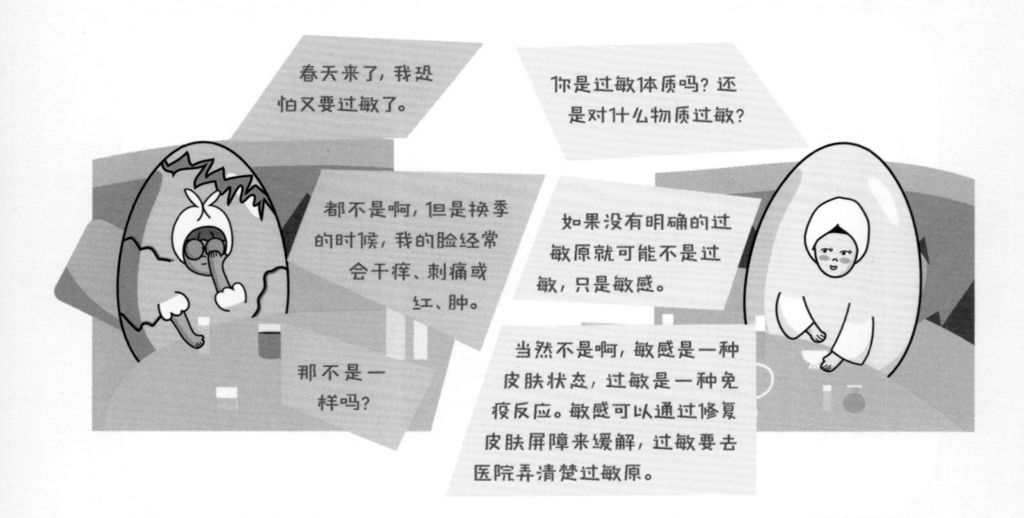

水煮蛋推荐产品

妮尚希面部高分子肌肤更新日乳

这款乳液质地轻薄又有足够的保湿力，流动性强，只需一泵就够全脸使用。在北方的冬天里，你也只需在涂抹时加几滴精油，便可安心靠它过冬。它含有烟酰胺等成分，可以干扰黑色素生成，让皮肤白皙透亮。坚持使用，你会感觉到皮肤的改善，皮肤所展现的不是苍白，而是如珍珠般的光泽。它适合鹌鹑蛋和蛋壳使用。

敏感性皮肤是怎么来的?

敏感性皮肤是一种问题性皮肤。任何肤质都有可能敏感，比如油性敏感性皮肤和干性敏感性皮肤。很多人都认为敏感性皮肤是与生俱来的，皮肤一旦被认定为敏感性皮肤，似乎就像得了绝症一样不可逆转。其实这是对敏感性皮肤的误解。敏感性皮肤的成因主要有两个：一是遗传因素，与基因有关；二是外界刺激导致皮肤屏障功能受损。

那么，会诱发皮肤敏感的外界刺激主要有哪些呢?

首先就是无孔不入的紫外线。虽然黑色素可以吸收紫外线，保护细胞，但这个过程中产生的热能会导致皮肤发热、发红。所以，长时间接触紫外线会使皮肤晒伤。但是造成皮肤敏感的凶手远不止紫外线一个。

其次是一些化学物质。化妆品中的香料、防腐剂、果酸等刺激性成分以及清洁用品中的某些清洁剂都有可能引发敏感。装修材料中的甲醛等挥发性污染物也会不断刺激皮肤。

季节和温度也是一种刺激因素。春夏交替时，花粉、柳絮等都可能导致皮肤敏感。温度升高还会使皮脂腺的活跃度提高，从而使皮脂分泌增多，如若不及时清洁，某些有害菌可能会大量繁殖，从而伤害皮肤，引发敏感及其他皮肤问题。冬季干燥的空气和呼啸的寒风也会给皮肤带来严峻的考验。与此同时，冬季室内外的温差通常很大，这种冷热交替的温度变化可能会使本来就干燥缺水的皮肤刺痛和干痒，继而引发敏感症状。

汗液也是皮肤敏感的帮凶。酷热的夏季，皮肤会大量出汗。汗液蒸发后残留下来的盐分、氨等成分会刺激皮肤，如若不及时清洁，过量残留物可能会引发炎症。炎症不仅发生在汗腺部位，还会扩散到汗腺周围，引起皮肤刺痛和瘙痒。炎症反应加重就有可能诱发敏感。

无法避免的环境变化已经让我们脆弱的皮肤面临很多挑战。如果此时我们再过度清洁、过度护肤（比如过度使用面膜或叠加使用多种护肤品牌）或过度使用含激素类的护肤品，可能会进一步造成皮肤屏障受损，这无疑是雪上加霜。

敏感性皮肤的护理

敏感会带来很多麻烦。幸运的是，大部分敏感性皮肤都可以通过恰当的治疗和护理得到改善。对于遗传因素，我们或许无可奈何，但是保护皮肤免受外界刺激还是做得到的。我们在日常生活中要养成良好的习惯，避免刺激皮肤的做法，同时对皮肤屏障进行一些修复。修复和保护双管齐下，这是对付敏感相对有效的手段。

防晒依然是头等大事，外出时要根据目的地的环境采取防晒措施，最好采用打防晒伞、戴太阳镜等硬防晒手段，如果要涂抹防晒霜，可以选择对皮肤刺激更小的物理防晒剂成分的防晒霜。

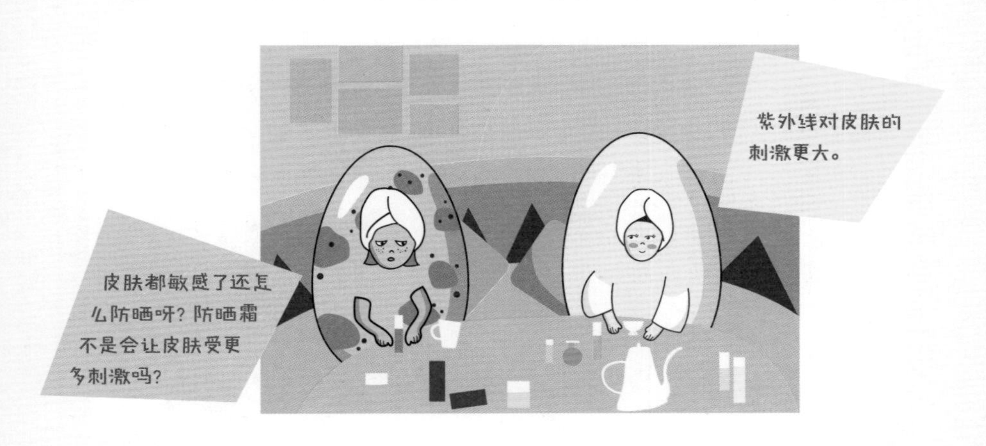

季节交替时，为了更好地抵抗变幻莫测的天气，我们经常会给皮肤“里三层外三层”的防护。然而，对于敏感性皮肤的人来说，那些看上去很有必要的防护反而会成为皮肤的负担。皮肤干燥缺水、泛红或刺痛等问题并不一定需要“十全大补”。每天坚持进行温和的保湿护理和修复护理，提高皮肤的屏障功能，才能从根本上解决问题。皮肤屏障变强了，皮肤对外界侵袭的抵抗力也会明显增强。

过度护肤容易破坏皮肤屏障，导致皮肤敏感。皮肤敏感时，一定要停止使用强功效型的产品，尤其是美白类的产品，否则只会加重敏感的程度。另外，敏感性皮肤人群不可以用清洁力强的皂基类洁面产品，否则会让本就受伤的皮肤屏障更受伤。

敏感性皮肤人群对于“刷酸”一事千万要谨慎，非必要不“刷酸”。健康的皮肤尚且经常会因“刷酸”过度而出现敏感问题，更何况是角质层本就薄弱的敏感性皮肤呢？角质层修复通常需要 28 天的时间，如果你对它的破坏太多太快，角质层来不及修复，就会越来越薄，最终变得不堪一击。

有毛孔堵塞问题的八宝蛋对于水杨酸和杏仁酸再熟悉不过了。这两种成分具有一定的抑菌作用，能够抑制皮肤上的有害菌的繁殖，但是过度使用的话会影响皮肤的菌群平衡，还会导致角质层变薄，影响皮肤屏障的功能。一旦皮肤的防御能力大幅下降，粉刺、暗沉、敏感等问题就更容易找上门，此时再刷酸犹如在伤口上撒盐。

不要迷信那些宣称可以养肤的彩妆产品，在皮肤处于敏感状态时，最高效的养肤方法就是减少对皮肤的刺激，此时先停止化妆才是正解。

水煮蛋推荐产品

奥碧虹唤醒细胞修复精华肌底液

这款产品含有抗坏血酸二棕榈酸酯，有很好的抗氧化和抗衰老能力。它采用纳米细胞渗透技术，能瞬间渗透到角质层，且用后皮肤没有黏腻感。它同时拥有“补水”和“锁水”两个功能，保湿的同时，还可以修复红血丝等敏感性问题。

薇诺娜舒敏保湿特护霜

它含有马齿苋提取物、透明质酸钠、扁核木油、牛油果树果脂等成分，具有消炎、抗氧化、保湿的作用。它可以帮助你告别泛红、干痒、灼热、刺痛等敏感问题，舒缓熬夜、倒时差、换季、晒伤等给皮肤带来的不适感。

要青春不要痘痘

青春痘的由来

“青春痘”的学名是痤疮，往往从青春期开始就组团出道，和我们形影不离。痤疮是一种常见的毛囊皮脂腺疾病，好发于面部、胸背部等皮脂腺丰富的部位，其发展过程一般表现为粉刺、丘疹、脓疱、结节、囊肿，皮肤可能伴有瘙痒或疼痛感。

综合来讲，痤疮的成因主要是皮脂腺过量分泌皮脂、毛囊皮脂腺导管角化异常、痤疮丙酸杆菌等皮肤微生物增殖、发炎与免疫反应等。

我们知道，皮肤的皮脂腺会分泌皮脂，进入青春期后，人体内雄激素水平会升高，雄激素能刺激皮脂腺发育，促使皮脂腺产生大量皮脂。如果毛囊皮脂腺导管角化异常造成导管堵塞，那么皮脂就会堵在毛囊口，无法排出，整个毛囊处在不透气的缺氧状态下，这样的环境正是痤疮丙酸杆菌最喜欢的。痤疮丙酸杆菌以皮脂为食物，在“舒适”的环境下，它们会将皮脂中的甘油三酯分解为小分子的游离脂肪酸，游离脂肪酸刺激毛囊，诱发炎症，导致痤疮形成。

痤疮的产生还与外界环境、个人饮食习惯和卫生习惯，甚至心理疾病等有关。有研究表明，中重度的痤疮与一天摄入超过两杯全脂牛奶有关，由此我们推断，痤疮的加重及恶化还可能与牛奶等乳制品的大量摄入有关。

如果毛孔堵塞，角质层变厚，粉刺就容易生成。毛囊皮脂腺开口处被堵塞，形成稍稍高起的白色丘疹，这样的粉刺为白头粉刺。如果堵塞毛孔的皮脂的表层呈黑色，且镶嵌在毛囊口，这样的粉刺为黑头粉刺。这对“黑白双煞”横行江湖多年，不知道破坏了多少水煮蛋的滑嫩皮肤。白头粉刺没有明显的开口，黑头粉刺是开放性粉刺，它比白头“进取”。粉刺从不满足于停留在粉刺阶段，如果不及时处理，它有可能发展为炎症性丘疹。若炎症加剧，丘疹顶端会出现一颗又大又红的痘痘。

在月经即将光顾之前，很多女孩脸上会出现红色凸起的“警告信号”。受激素水平影响，此时是粉刺最猖狂的时候，有美颜效果的雌激素水平下降，而雄激素水平会相对上升。“粉刺大军”似乎要抓住每个月的这几天大显身手，肆意地在脸庞上留下“我已到此一游”的痕迹。

水煮蛋推荐产品

科颜氏金盏花植萃爽肤水

这款产品含有多种植物提取物，不含酒精、香精，橙黄的液体里飘着金盏花花瓣。它含有金盏花花提取物、牛蒡根提取物，这些都是很好的舒缓成分，可增加皮肤的稳定性，起到消炎镇定，淡化粉刺、痘印的作用。在皮肤泛红、长痘时，可把它倒在化妆棉上进行湿敷，有较好的消炎祛红、改善毛孔粗大的效果。

SK-II 护肤精华露

这款产品是很多皮肤水油不平衡的八宝蛋的最爱，其主要功效成分为半乳糖酵母样菌发酵产物滤液，这一成分能改善皮肤的生理机能，调节皮肤的水油平衡，使皮肤变得透亮、有光泽。这款精华露可用来局部湿敷，敷在痘痘处可以起到消炎镇定的作用。用它大面积湿敷时，要先建立皮肤的耐受性，否则容易引发皮肤敏感。

如何面对青春痘

青春痘非常顽固，治疗它需要一定的时间。通常情况下，前期的治疗只能阻止青春痘恶化，在一定程度上改善现状。而且，青春痘治愈后也有可能复发，这时候很多深受其害的蛋就会产生愤怒、烦闷、焦灼、悲观等消极情绪，甚至放弃治疗。这是我们要尽量避免的，因为情绪不稳定也是导致青春痘恶化的重要原因之一。在治疗青春痘的过程中，我们要平心静气地与之对抗，耐下心来，切莫急躁。平和愉悦、乐观积极的心态对改善青春痘有一定帮助，要相信自己一定能战“痘”成功。

不要试图通过挤压的方式让痘痘消失。如果使出浑身解数去挤压一个尚未成熟的痘痘，它可能会让你付出惨重的代价。痘痘一直坚守“不在沉默中爆发，就在沉默中灭亡”的作战原则。如果挤痘痘时没有做好消毒杀菌工作，细菌就会乘虚而入，使炎症加重，造成更大的伤害。我们常说挤痘痘会留疤，就是这个道理。

除了色斑，痘印也能让水煮蛋变成鹌鹑蛋。为了不在脸部留下坑坑洼洼的痘坑和斑驳的痘印，千万要管好自己的手。尤其是危险三角区（面部以鼻梁骨的根部为顶点，以两口角的连线为底边的一个等腰三角形区域）的痘痘千万不能挤，如果操作不当，细菌可能从伤口进入血液并被带入颅内，从而引发颅内感染。

一份调查报告显示，玩手机、电脑的时间太长，吃油腻辛辣食物过多，护肤不当，用完电脑不洗脸等因素大大增加了大学生患青春痘的概率。见微知著，想要远离青春痘，我们一定要养成良好的作息习惯，调整不规律的作息，早睡早起，保证充足的睡眠。除此之外，我们还要注意饮食，双管齐下效果会更好。平时多吃新鲜蔬菜、高蛋白低脂肪的鱼类、五谷杂粮和没有经过高度加工的坚果等，少吃甜食。如果喝酸奶的目的是为了补充益生菌的话，我们可以直接服用益生菌，这样既能调节肠道菌群，又不会给皮肤带来负担。

另外需要注意，掌握正确的洁面方法、选择合适的洁面产品也是至关重要的，这些在之前的章节中我们已经有所了解，赶快实践一下吧。

水煮蛋推荐产品

111SKIN 三段式逆时空净肌密萃祛痘精华

这是一款浓缩的祛痘精华，在局部点涂即可。用它对付月经期脸上起的大红痘痘效果不在话下。而且这款产品有修复肌肤、预防色素沉着的作用，对修复痘印有较好的效果。

法儿曼生命之泉润肤露

这款润肤露蕴含94%冰山矿泉水，搭配了北美金缕梅叶提取物、金盏花花提取物和白花春黄菊花提取物，能够有效舒缓肌肤，改善肌肤屏障功能，痘痘肌可放心使用。这款如泉水一样纯净清澈的润肤露质地清爽，适合八宝蛋在夏季使用。将这款产品搭配法儿曼幸福面膜或者香缇卡钻石面膜一起使用也是不错的选择。搭配面膜使用时，先用润肤露轻拍面部再涂面膜，最后用润肤露浸湿化妆棉卸掉面膜，这样会比直接用清水将面膜洗掉的效果更惊艳。

高美蓝（TAKAMI）小蓝瓶肌底代谢美容水

如果你的皮肤“一言不合”就起粉刺，那这款肌底液也许会成为你的心爱之物。它主要针对长粉刺的肌肤，可以收缩毛孔，改善肌肤的毛糙感。它的流动性很强，质地就像矿泉水一样，用了不会有黏腻感。每次用一滴管，在粉刺集中扎营的地方加强使用，等待三分钟，等其完全吸收后再进行后续护肤就可以了。

111SKIN 充盈水质抗痘清痘爽肤水

这款产品的主要成分是迷迭香水和水杨酸，迷迭香水可以净化、调理、舒缓皮肤。水杨酸则可以疏通毛孔，减少皮脂分泌，促进皮肤的新陈代谢，使皮肤变得细腻光滑。同时，它还含有玫瑰提取液，可及时为皮肤补充水分，减少皮肤的干涩感。因为这款爽肤水含有酸性成分，所以不建议干燥缺水的蛋壳使用。易长痘的八宝蛋比较适合使用这款产品。

除了通过护肤品来预防和缓解痘痘外，我们还可以坚持做按摩来促进毒素的排出。

1. 用双手拇指指腹从下颌开始，向耳根处轻压按摩。
2. 按压耳根后侧的穴位。
3. 用手掌自上而下轻轻按摩脖子。
4. 沿着从中心向两侧的方向轻轻按摩锁骨。

毛孔断了线

毛孔为什么会粗大?

毛孔就是毛囊口，它除了是大家所熟知的长出毛发的孔，还有特定的生理功能。拥有细腻紧致的皮肤是每个蛋的梦想，但是毛孔粗大却是通往梦想道路上的绊脚石。

导致毛孔粗大的原因有皮脂分泌过多、皮肤松弛老化、不正确的面部护理方式等。

通常油性皮肤的人容易有毛孔粗大的烦恼，这和皮脂分泌过剩有关。导致皮脂分泌量增大的因素分为外部因素和内部因素。外部因素有长期熬夜等不健康的生活习惯，吃过多辛辣刺激性食物、甜食或高碳水化合物食物，用了不合适的护肤品，压力过大等；内部因素有遗传、肤质类型以及年龄和激素水平的变化等。

皮肤的自然衰老也是导致毛孔变粗大的原因之一。皮肤老化使得支撑皮肤的胶原纤维减少，毛孔由于失去胶原纤维的支持和牵拉而变得松弛。紫外线也能加速皮肤老化，所以一定要做好防晒。

在皮肤发炎的时候涂抹有刺激性的功效性护肤品，可能会加重毛孔的堵塞，让毛孔粗大的情况更加严重。这时候，我们应该停止使用功效性护肤品，做好基本的补水保湿就可以了。皮脂分泌过多时，不要过度迷恋吸油面纸。它虽然能让皮肤短暂恢复干爽，但是它治标不治本，我们还是要从根本上解决皮脂分泌过多的问题。

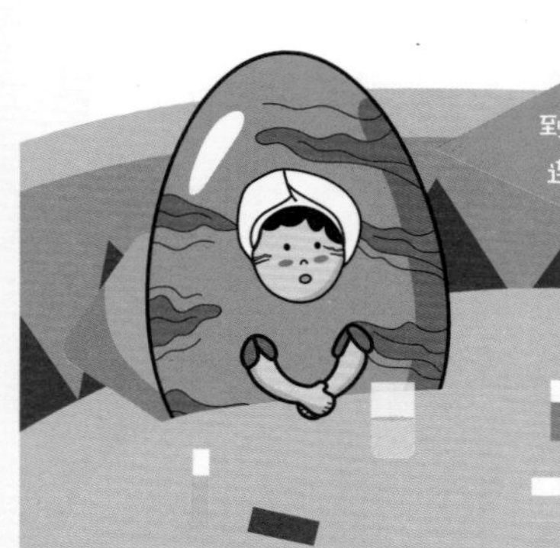

当然不是，粉刺造成的粗大毛孔是圆形的，而老化的毛孔是水滴形的。

你自己要知道问题出在哪里啊，不然怎么解决？

还有一个经常被忽视的因素——吸烟，当你沉浸在吞云吐雾的快乐中时，香烟中的尼古丁却在破坏你的毛细血管，导致养分无法到达细胞，这不但会造成毛孔粗大，还会加速皮肤老化。可见，导致毛孔粗大的“黑手”无处不在，我们稍有不慎就会中招。

水煮蛋推荐产品

法儿曼健肤焕颜轻感面霜

这款面霜又被称为“注氧面霜”，官方宣称它可有效输送氧气到细胞，消除暗沉，令皮肤明亮有光泽，使皮肤维持良好的状态。它也可以去除粉刺，就连痘坑、痘印都有修复作用。

Joelle Ciocco 抗衰老细胞活力能量面霜

这款面霜含有月见草油、乳木果油，具有修复皮肤及延缓皮肤老化的作用。它的活性成分可加速皮肤细胞新陈代谢，调节皮肤水油平衡，增强皮肤的稳定性，减少皮肤炎症引起的毛孔粗大等问题。

学习毛孔隐身术

毛孔粗大并不是油性皮肤的专属，它是个全能型选手，通杀各类皮肤。如果想做一只名副其实的水煮蛋，毛孔最好达到视觉上不可见的效果。对此，水煮蛋有以下三点建议：

第一，做好卸妆和清洁工作。一般推荐有毛孔粗大或者毛孔堵塞问题的人先用卸妆产品卸妆，再用温和的洁面产品清洁一次，这样才能更好地清除面部的彩妆及多余的皮脂。

第二，正确使用护肤品。日常护肤时，我们可以选择含有金缕梅叶提取物等收敛成分的护肤品，以控制皮脂的分泌，减轻毛孔的负担。如果是皮肤衰老导致的毛孔粗大，可以使用有抗衰老功效的护肤品，比如含维生素 E、寡肽 -1 等成分的精华，在延缓皮肤衰老的同时改善毛孔粗大。此外，角质层变厚会让毛孔更加明显，我们可以适度使用含有水杨酸成分的护肤品，去除老化角质。敏感的蛋壳可以酌情使用酵素洁面产品，酵素（酶）可以温和地溶解老化角质。

第三，做好防晒。紫外线是许多皮肤问题的制造者或助推者，所以防晒是长期任务，每天都不能忽视。

水煮蛋推荐产品

欧臻廷保湿修护亮颜银霜

这款产品含有胶态银，有很好的消炎镇定作用，还能促进伤口的愈合，另一核心成分 DNA 海洋精萃有很强大的抗衰老和紧致的效果。所以这款产品适合虎皮蛋和八宝蛋使用。它倡导的是无水护肤法，不用化妆水，直接把银霜轻轻按压在脸上就可以。如果在冬季使用，你可以在银霜外面再压上一层同品牌的银油。

Joelle Ciocco 皇牌抗衰老抗污染面霜

这款面霜非常适合在空气干燥且有污染的地区使用，它加入了粉色西番莲籽油等成分，具有强大的抗氧化效果，也能对抗环境中的污染物。面霜的质地是非常细腻的奶油状，建议在晚间使用。这款产品适合有抗老需求的水煮蛋和虎皮蛋以及生活在空气污染较严重地区的蛋。

皱纹不再攀爬

五花八门的皱纹

皱纹是青春的天敌，防止皱纹的出现是守住青春的最后一道防线。皱纹“作乱”时历来不管三七二十一，无论是干性皮肤还是油性皮肤，都逃不开它的“魔爪”。如今，受一些不良的生活习惯的影响，皱纹的出现逐渐偏向年轻化。从 20 岁开始，胶原蛋白便开始流失，一旦失去了胶原蛋白，皮肤就失去了支撑青春的那张网。

随着年龄的增加，肌肉松弛、皮下脂肪减少及皮肤弹性减弱等因素会导致皮肤在重力作用下松弛、下垂，由此产生的皱纹属于重力性皱纹。例如上眼睑下垂形成的皱纹、颈部的颈纹等。

因表情肌长期反复收缩而形成的皱纹称为表情纹或动力性皱纹，如鱼尾纹、川字纹等，这类皱纹在初期会随着表情的消失而消失。这类皱纹的加重与频繁做夸张的表情和不良的咀嚼习惯等有关。

我们首先要弄清楚自己的皱纹属于哪种类型，再进行针对性的护理，这样才能起到事半功倍的效果。对于小细纹和干纹，我们可以使用补水保湿的护肤品去改善。对于重力性皱纹，我们要避免长时间低头刷手机，以防止皱纹加重。对于表情纹，我们要注意表情管理，少皱眉头，尽量少做过于夸张的表情。皱纹是不可逆转的。对于已经形成的皱纹，护肤品只能起到一定程度的改善作用，但无法去除，所以对付皱纹最好的办法还是预防。

当然，导致皱纹出现的因素除了机体自然衰老外，还有一个重要因素就是紫外线。我们知道，皮肤一家三兄弟包括负责守卫家庭安全的大哥——表皮层，最容易挑起战争的二哥——真皮层，还有羞涩内敛的小弟——皮下组织。真皮层中有大量维持皮肤年轻的胶原蛋白、弹力蛋白和其他纤维。一旦真皮层胶原蛋白含量减少，网状支撑体就会变厚、变硬，皮肤便会失去先天的弹性并老化，锁水能力也会随之下降，表皮即形成松垮的皱纹。紫外线三兄弟，尤其是老大和老二，没事儿就要对皮肤踩两脚。老大UVA（长波紫外线）不但能破坏真皮层还能顺便让表皮层也负伤，它能破坏胶原蛋白组织，导致真皮的胶原纤维断裂，使皮肤出现松弛、皱纹等问题。老二 UVB（中波紫外线）可到达表皮的基底层，将皮肤晒伤或晒红。所以，不想早早变成虎皮蛋的话，防晒工作一定要做到位。

我们常说驻颜有术，要有“术”才能驻颜，如果你是熟龄水煮蛋或者虎皮蛋，选护肤品时一定要关注抗衰老这一条。毕竟皱纹是一条划分皮肤年轻和衰老的分界线。谁都不愿意眼睁睁地看着自己的脸庞长满皱纹。

水煮蛋推荐产品

兰蔻菁纯臻颜精萃乳霜

兰蔻的菁纯系列在抗老化方面做得很好。这款面霜可以淡化抬头纹以及法令纹，让皮肤变得平滑，面霜淡淡的玫瑰花香也让人感觉非常舒服。这款产品推荐给蛋壳以及 35 岁以上的熟龄水煮蛋、虎皮蛋使用，用后皮肤会有一种非常水润的感觉。

Joelle Ciocco 滋养抗衰老精华

这款产品蕴含大量天然有机成分，能缓解环境污染和压力对皮肤的伤害。精华中含有的血清蛋白可促进胶原蛋白生成，增强面部轮廓的紧致感，同时它还可以促进皮肤的新陈代谢，改善肤色暗沉的情况。这款精华不适合用于日常护肤，通常三个月为一个使用周期，连续使用四个周期后，间隔三个月再继续使用比较好。

伊诗贝格至臻卓颜钻石晚霜

这款面霜含有奢华的钻石粉，钻石粉可以促进皮肤微循环。产品中含有的生育酚和人参根提取物有抗氧化作用，可使皮肤明亮有光泽。它没有传统晚霜的厚重感和油腻感，非常适合在夜间使用。

莱珀妮臻爱铂金尊宠夜间精华液

这款产品主要针对贵妇蛋设计，具有紧致、修复的作用，还可以收缩毛孔。它含有的棕榈酰三肽 -1 可刺激胶原蛋白生成，酵母提取物则可以改善皮肤粗糙。

抗老有方

在漫长的护肤岁月中，“预防”的作用远大于“修复”，其付出的成本也远小于“修复”，亡羊补牢实为无奈之举。莫等闲，纹满少年面，空悲切。

说到抗衰老，防晒依然是重中之重，这一点我们已经反复强调过了。日常要时刻把防晒放在心上，以对抗紫外线带来的光老化。

肌肉长时间不锻炼的话就容易变松弛。因此，我们要经常做一些锻炼，以便让肌肉保持年轻的状态，尤其是眼角等容易生成细纹的地方，可以加强按摩。但是也不要盲目地做一些夸张的面部运动，结果会适得其反，导致皮肤松弛和下垂。

表情纹是面部表情肌拉动面部肌肉形成的。当我们还是温泉蛋时，并不在意表情纹的存在，它会随着表情的复位而消失，但久而久之，皮肤被反复牵拉，就容易形成无法恢复的深纹。

近年流行起来的“抗糖化”理念，让一直被忽视的糖化现象进入了大众的视线。如果摄入过量的糖，多余的糖就会在不经酶催化的情况下和蛋白质结合，导致蛋白质的结构和功能发生变化，这个过程叫作非酶糖基化，简称“糖化”。糖化可以使胶原纤维的弹性降低，让白色的胶原蛋白变成褐色、黄色，皮肤自然就容易松弛、暗沉。糖化最可怕的地方在于，一旦蛋白质形成晚期糖基化终末产物（AGEs），就无法恢复。因此，预防就显得尤为重要。抗糖化的核心理念，就是减少糖的摄入，烧烤、油炸食品等也要尽量少吃。

放松身心、保证充足的睡眠和适当补充胶原蛋白对抗衰老也很关键。可以适当吃一些燕窝、鱼胶等含胶质较多的食品，以补充胶原蛋白，还可以增加一些富含抗氧化剂的食物的摄入量，以减少自由基对人体的损伤。

为了预防皱纹和皮肤松弛，日常可以按以下方法做按摩：

1. 用手掌包裹住脸颊，拇指按在耳根后的穴位上，其余四指紧贴住脸颊，轻轻按压。

2. 双手从脸颊中心向两侧轻轻拉伸肌肤。

3. 双手向上轻轻提拉肌肤。

夜间，在做完皮肤护理后，也可以对着镜子大声念“A、U、I、O”，以锻炼口周肌肉，预防皮肤松弛。

水煮蛋推荐产品

莱珀妮鱼子精华充盈面霜

这款产品是蓝鱼子面霜的升级版，按压式的设计使其既方便取用又卫生。它汇聚了鱼子中稀有珍贵的营养成分，还含有柠檬酸，可以加快角质更新，收缩毛孔，使皮肤看起来通透、有光泽。这款面霜的延展性很好，易推开，适合有抗老需求的熟龄水煮蛋或虎皮蛋使用，配合同品牌的反重力精华一起使用，紧致效果会更明显。

被脂肪左右的青春

“脂肪”这一名词相信大家都不陌生，我们在中学生物课上就学过。脂肪是细胞内良好的储能物质，承担着提供热能、保护内脏、维持体温、协助脂溶性维生素吸收以及参与机体各方面的代谢活动等重大任务。但是，对于爱美的水煮蛋们来说，脂肪总会和“胖”联系起来，而一旦发胖似乎就意味着远离时尚舞台。于是，她们不是在减肥，就是在减肥的路上。

为了让体重快速降下来，很多水煮蛋会疯狂节食，这样确实能快速瘦下来。可是，脂肪在短时间内的大量减少，让水煮蛋们收获妙曼身姿的同时，也会让她们失去饱满的脸庞。实际上，脂肪的突然减少也是孕育皱纹的一颗种子，能让皱纹在不知不觉中爬上脸庞。这种“捡了芝麻，丢了西瓜”的减肥方式实在不可取。不合理的减肥会导致皮下脂肪迅速流失，让肌肉发生萎缩、位移，从而导致面部干瘪、眼眶凹陷、苹果肌下垂等。脂肪不是十恶不赦的坏东西，并不是越少越好，保持适度的脂肪也是延缓衰老的法宝之一。

糖分会让我
快乐!

过度摄取糖分不但
能让你发胖，还能
让你变老。你还能
快乐吗?

第 4 章

护肤里的真诚与套路

精简护肤，为皮肤减负

很多温泉蛋用了昂贵的护肤品后，皮肤不但没有变得更好，反而出现了一系列问题；八宝蛋为了让脸上的粉刺快点平复下去，喜欢用含有两种或两种以上酸性成分的护肤品；鹌鹑蛋为了让皮肤恢复白净，也会选择含有两种或两种以上酸性成分的护肤品来淡化痘印和斑点。这种叠加使用产品的方式并不能让护肤效果加倍，而产品中的防腐剂却在不断叠加，防腐剂虽有抑菌的作用，但过量的防腐剂会破坏皮肤的菌群平衡。这样皮肤还能保持好的状态吗？

护肤讲究的从来不是越多越好。在面部叠加使用多种护肤品，经常用高浓度或者成分复杂的护肤品，都可能会导致“营养过剩”，增加皮肤的负担，甚至破坏皮肤屏障，让皮肤变敏感。所以，精简护肤才是王道。

护肤品中的有效成分也不是浓度越高，功效就越强。有研究表明：使用浓度为 5% 的烟酰胺能减少皱纹及色斑的出现，还能提亮肤色；但浓度超过 5% 的烟酰胺反而会导致皮肤泛红、发痒、刺痛。事实上，烟酰胺的浓度一旦超过 4%，就可能有 20% 左右的人用后会发生不耐受的反应，2% 以下的浓度对大部分人来说才是相对安全的，但同时，临床试验发现，烟酰胺浓度只有超过 3% 时才有明显效果。所以，敏感的蛋壳很可能并不适合使用含有烟酰胺的产品：烟酰胺浓度过低没有明显效果，浓度过高皮肤又承受不住。护肤通常是个循序渐进的过程，有很多好的产品是以“润物细无声”的方式对皮肤进行改善的，那些高浓度的“猛药”类产品还是少用为妙。

化妆品的成分也不是越复杂越好。一些商家为了突出“天然”的特性，会在护肤品中添加几十种植物提取物，但是成分越多，产品导致皮肤过敏或敏感的风险就越高。对皮肤屏障受损的人来说，这更是一种负担。还有的护肤品里加入了未经特殊处理的花瓣，为了让易腐烂的花瓣保持娇嫩欲滴的样子，产品中可能会添加大量防腐剂。如果你是敏感性皮肤，那就要果断放弃这类华而不实的产品。

因为皮肤在不同季节的皮脂分泌情况不尽相同，所以我们最好选择两套护肤品，根据皮肤的皮脂分泌情况交替使用。如果想让营养过剩远离你，那就尝试精简护肤吧！

空气污染和电脑辐射会伤害皮肤吗？

烟雾、粉尘、汽车尾气等污染物对人体造成的伤害比我们想象的更严重。有研究表明，人体长期暴露于 PM2.5（大气中直径小于或等于 2.5 微米的颗粒物）含量高的环境中时，心血管疾病（如冠心病、高血压、心力衰竭、心律失常等）的发生会增多。污染物对皮肤的影响主要体现在它会堵塞毛孔，影响护肤品的吸收，加剧皮肤的老化。除此之外，一些污染物还会引起色素沉着，它们虽然没有紫外线那样强大的穿透力，但是杀伤力却一点儿也不逊色，不仅能腐蚀皮肤屏障，还会刺激细胞释放自由基，加速皮肤的老化。如果不注意防护，一只水煮蛋便可能变成鹌鹑蛋或者是虎皮蛋。如果是干燥脆弱的蛋壳，皮肤受到的伤害会更加明显。我们一定不能小瞧空气中的污染物，想做一只完美的水煮蛋哪有那么容易，一定要做到面面俱到才行。

除此之外，电脑产生的辐射也对皮肤有伤害。长期使用电脑工作且不加防护的人，皮肤更容易出现色斑或者过敏，皮肤衰老的速度也会加快。

所以，变成水煮蛋的过程并不轻松，一路上需要“降妖除魔”。皮肤与生俱来的美丽引来了许多破坏者的觊觎，想要完美隔绝这些“妖魔”的伤害绝非易事。除了加强皮肤自身的防御能力外，还要加强外围防护——选择安全有效的护肤品。

防污染产品因此诞生。这类产品和隔离霜不同，隔离霜是彩妆类产品，而防污染产品属于护肤品，适合用在护肤的最后一步。这类产品可以抵挡彩妆和紫外线对皮肤的侵袭，还可有效缓解污染物对皮肤的伤害，为皮肤建立一道防护网。

家用美容仪有用吗?

随着医美热度的不断攀升，家用美容仪也越来越受青睐。这类曾经专为贵妇蛋设计的美容仪，现在也已达到普及的程度。可是这些价格昂贵的产品真的能发挥我们期待的效果吗？家用美容仪到底是拯救皮肤的黑科技产品，还是新一波的智商税产品？让我们进一步了解家用美容仪后再做判断。

家用美容仪种类繁多，主要有射频类、超声波类、微电流类和红蓝光类等类型。

射频类美容仪的原理是电磁波穿过皮肤表皮层直接对真皮层进行加热，从而刺激皮肤产生新的胶原蛋白，最终达到提拉、紧致、除皱的效果。合格的射频美容仪会严格控制温度，不会烫伤皮肤，但这类产品对皮肤有一定的穿透力，会使皮肤变得干燥，因此不适合脆弱敏感的蛋壳使用。射频类仪器不能使用在眼球、喉结、骨关节等敏感部位，也不适合用在植入假体的部位。

常见的医美射频项目有热玛吉、热拉提、深蓝射频等，它们都可以达到肉眼可见的去除皱纹的效果。但是家用射频仪身量纤小，能量不够，只能用作正规医美项目之后的维持护理以及日常的皮肤保养，效果没有医用频射仪明显。

超声波美容仪利用超声波的高频震荡和穿透力强的特性，使皮肤细胞随之振动，以达到加快新陈代谢、活化组织细胞、促进产品吸收的目的。这类产品也可以解决广大水煮蛋总觉得自己昂贵的护肤品吸收度不够、浮在皮肤表面的担忧。超声波美容仪可以让黑头浮出但不会损伤毛孔，从而让毛孔收缩，让皮肤更紧致。但是过度使用超声波美容仪会让皮肤角质过度剥落，一般水煮蛋每周使用不要超过两次。

微电流类产品的原理是将微小的电流导入人体，电流刺激肌肉，从而实现放松肌肉、缓解和减轻表情纹的功效。家用微电流仪受功率限制，电流较小，在提拉、紧致方面的作用微乎其微，科学性也有待证实。很多减脂塑形的设备也会采用 EMS（Electrical Muscle Stimulation）微电波技术，即神经肌肉电刺激技术。这种技术只能达到让肌肉运动的效果，没有刺激胶原蛋白再生的作用。这类设备可以让平时缺乏锻炼的面部肌肉被动“动”起来，从而加快面部皮肤的新陈代谢，减少脂肪的堆积，消除赘肉。

使用红蓝光类的美容仪时要谨慎，因为只有特定波长的红光可以起到抗炎、修复的作用。蓝光因为可以抑制痤疮丙酸杆菌生长，通常被用来辅助治疗痘痘。医用红蓝光仪的使用频率及每次照射时间都有严格要求，并不是时间越长越有效。如果在使用红蓝光仪时没有控制好使用时间和频率，反而会导致皮肤产生光敏感等不良反应。

家用美容仪确实可以起到一定的美容护肤作用，但不会在短时间内让皮肤状态焕然一新。护肤是一件需要持之以恒的事情。入手了美容仪后，按正确的方法坚持使用方能见效。

水煮蛋推荐产品

妞娃射频美容仪

这款美容仪含有 6 个电极头，能做到精准控温，在真皮层达到 52℃时，表皮温度仅为 38 ~ 40℃，这样既达到了刺激胶原蛋白再生的目的，又不会灼伤表皮。这种射频类的仪器都要搭配专用的凝胶使用，如果用爽肤水或者精华则会削弱导电力，从而影响穿透力。使用这款产品后一定要及时敷补水面膜或修复面膜，不要使用有美白功效的面膜，以免引发皮肤敏感。

宙斯美容仪

宙斯美容仪融合了中频间歇式脉冲 + 超脉冲电穿孔（MFIP/UP）、神经肌肉电刺激技术（EMS）和 LED 彩光护理等技术，具有抗衰老、紧致提拉、美白和祛痘等功效。宙斯的 MFIP(Mid Frequency Interval Pulse) 模式概念新潮，拥有发明专利，利用脉冲频率间接实现专业按摩师的指压按摩效果，可促进皮肤微循环，加速新陈代谢。UP 高能脉冲光的提拉紧致效果非常好，有助于面部轮廓的提升。EMS 通过微电流促进肌肉运动，可缓解肌肉松弛，让面部肌肉更紧致。LED 模式有三种彩光：红光可以嫩肤，均匀肤色，促进胶原蛋白再生；蓝光可以消炎祛痘，修复角质层；绿光可以美白、淡斑、去黄，令肌肤更有光泽。

这款美容仪的 EMS 和 LED 模式可以每天使用，MFIP/UP 模式一周使用一次就好，过度刺激皮肤也是不好的。

“美容觉”真的能美容吗？

睡一个香甜的美容觉真的可以在你变成水煮蛋的过程中助你一臂之力吗？这种“躺赢”的操作真的存在吗？

对皮肤有修复作用的是褪黑素，它是个“大拿”，由人体的松果体分泌。褪黑素能满足爱美的蛋的很多需求：既可以改善睡眠质量，又有抗氧化的作用，还能减少细胞的氧化损伤，甚至有预防脱发的效果。褪黑素还能调节免疫系统，与对皮肤有害的物质做斗争，是个全能的勇士。它在夜间的分泌量明显高于白天，在夜间，它会和其他助手一起修复经历了一整天摧残的皮肤。所以，早上醒来，水煮蛋重回江湖。但是褪黑素不是能持续分泌、持续作用、不休不眠的机器人，在压力大、睡眠不足时，褪黑素水平就会降低，甚至连开灯睡觉都会影响褪黑素的分泌。这样看来，褪黑素并不好伺候。它虽然骁勇善战，但一旦分泌不足，皮肤的修复过程就会大受影响，你也可能会失眠或变得多愁善感。这真是一个悲伤的故事。

睡眠质量差或者睡眠不足会带来各种各样的皮肤问题，最明显的外在特征就是眼睛疲倦，产生黑眼圈。睡眠质量差或睡眠不足还会导致血液循环不佳、皮脂分泌异常、机体代谢速度减慢，进而导致老废角质及黑色素无法正常代谢，所以长黑眼圈的同时面部也可能会出现色斑、毛孔粗大、粉刺等皮肤问题，皮肤还会加速老化，变得暗淡无光。所以，经常睡眠质量差或睡眠不足的最直接的表现就是白净的水煮蛋变成有黑眼圈、面色暗沉的鹌鹑蛋。

睡好美容觉是水煮蛋的基本修养。随着时光的变迁，胶原蛋白会不断流失，加上外界环境的侵袭，水煮蛋也失去了先天优势。因此，保持良好的作息习惯，一天睡八小时左右，再配合科学合理的护肤，你才有可能在成为水煮蛋的路上越走越顺利。

和护肤有关的营养补充剂

泛醌（辅酶 Q10）

泛醌（辅酶 Q10）是一种有效的抗氧化剂，可以保护细胞免受自由基的破坏，延缓皮肤的老化。我们的身体会自主合成泛醌，但随着年龄的增加，其合成会越来越难。所以，我们可适当补充含有泛醌的营养补充剂。

青汁

青汁富含可促进肠道蠕动的膳食纤维。大麦嫩叶、小麦嫩叶、甘蓝嫩叶等绿色蔬菜叶都可制成青汁产品。青汁产品通常是由嫩叶经真空干燥制成的粉末，有条件的也可以直接用新鲜的嫩叶生榨青汁。其中，生榨青汁的营养成分比粉末的要更丰富。生榨青汁含有丰富的维生素、矿物质等，适合喜欢吃高热量食物或者有瘦身需要的人。同时，青汁也有美容淡斑的作用，可使皮肤变光滑。

不过，很多人接受不了青汁的味道。我们可以将它搭配牛奶或者豆浆一起饮用，这样可以有效中和掉青汁奇怪的味道。

酵素

酵素的学名是酶，是生物催化剂的统称。但市面上的酵素类产品通常是经微生物发酵后形成的含有特定活性成分的产品，包含维生素、多糖、肽类、多酚类、黄酮类、矿物元素和有机酸等营养成分。

酵素产品可以加快机体新陈代谢，促进毒素排出，增强机体免疫力。产品中含有益生菌，这些益生菌还可以起到促进肠道蠕动的作用。所以，适当服用酵素产品可以淡化斑点，淡化皱纹，对皮肤保养有一定好处。

锌

如果你是个常年被痘痘困扰的八宝蛋，那你可以适当补充一些含锌的营养补充剂。

水煮蛋因为长期熬夜和吃过多辛辣刺激的食物，在 26 岁那年出现了“报复性”的痘痘，一下子变成了八宝蛋。通过内服锌和 B 族维生素补充剂，外加搭配有效的护肤品，她再次变成了一只水煮蛋。

锌的作用之一就是促进伤口愈合和皮肤修复，所以锌可以用来辅助治疗痘痘。锌的食物来源包括海鲜、动物肝脏和红肉等。葡萄糖酸锌有抗炎作用，可促进伤口愈合，对治疗痘痘有一定效果。

益生菌

益生菌好处多多，它能调节肠道微生态环境，维持菌群结构的平衡，促进营养物质的吸收，保护肠道黏膜。它有助于清理肠道内遗留的宿便，促进毒素排出。

此外，有研究发现，肠道菌群平衡与人体的衰老有密切关系。一些通过干预肠道菌群来延缓衰老的方法不断被研究。所以，我们在日常生活中可适当补充益生菌。

胶原蛋白

胶原蛋白在皮肤构成中有着举足轻重的地位，它能增强皮肤弹性和光泽，使皮肤显得饱满、紧致。它的流失会把水煮蛋逐渐变成皱纹横生的虎皮蛋。这是水煮蛋最不能接受的状态，一旦皱纹出现，谁都回天乏术。

机体老化、紫外线照射、环境污染、熬夜、压力大等都会导致胶原蛋白加速流失。很多人认为口服胶原蛋白补充剂能够对抗衰老、增加皮肤弹性，但科学界对其效果一直都存在争议。水煮蛋认为存在即是合理，所以，我们可以适度服用胶原蛋白补充剂，同时也一定要保持膳食的均衡。我们也可以摄取适量的优质蛋白质，食物中的蛋白质可以消化分解成氨基酸，这些氨基酸可以再被身体用来合成新的包括胶原蛋白在内的蛋白质。与此同时，我们也要少吃油炸类食品，这类食物会增加自由基的生成，造成胶原蛋白的流失，加速机体老化。

参考文献

[1] 成姗，薛峰．眼霜那点事 [J]. 质量与标准化，2021(02): 30−31.

[2] 李远宏．黑眼圈的流行病学及病理学研究初步探讨 [C]. 中华医学会第 14 次全国皮肤性病学术年会论文汇编．

[3] PNAS: 低糖饮食能够延缓眼部衰老疾病的发生 [J]. 现代生物医学进展，2017, 17(26): 5201−5202.

[4] 沈洁．如何预防眼袋及黑眼圈 [C]. 第六届东南亚地区医学美容学术大会论文汇编．

[5] 非语．颈霜：终结颈部早衰 [J]. 消费指南，2009(12): 36−38.

[6] 裘炳毅，高志红．现代化妆品科学与技术 [M]. 中国轻工业出版社，2016.

[7] 陈建伟，陈宪平，李祥，张海霞，赵武生，钱开文．人指甲中特征脂类成分 GC/MSD 分析 [J]. 天然产物研究与开发，2001, 13(3): 30−32.

[8] 何黎．皮肤屏障与相关皮肤病 [J]. 中华皮肤科杂志，2012, 45(6): 455−457.

[9] 张红，顾正平．色斑的机制研究及淡斑产品的配方设计思路 [J]. 工程与施工，2018, (20): 94−95.

[10] 杨星哲．中西医痤疮病因病机研究撷要 [J]. 天津中医药大学学报，2019, 38(04): 329−335.

[11] Ulvestad M, Bjertness E, Dalgard F. Acne and dairy products in

adolescence: results from a Norwegian longitudinal study [J]. J Eur Acad Dermatol Venereol, 2017, 31(3): 530–535.

[12] 苏彩红，郑燕萍，吕小丰，赖明珠，罗晓玲，吴秋钦．大学生对青春痘处理方法的调查研究 [J]. 牡丹江医学院学报，2015, 36(03): 108–109+107.

[13] 侯聪 Kevin. 揭开"烟酰胺"的神秘面纱 [J]. 现代商业银行，2020(10): 115–118.

[14] 王添翼，梁晓珍，蔡同建．可吸入颗粒物的心血管效应 [J]. 解放军预防医学杂志，2015, 33(2): 226–228.

[15] 李佩佩．想要肌肤逆生长家用美容仪给你触手可及的美丽 [J]. 消费电子，2019(08): 42–47.

[16] 景海霞，周晓宇．美容仪，用了真能变美吗 [J]. 大众健康，2021(06): 98–99.

[17] 何晓茗．如何补充胶原蛋白抗衰老 ?[J]. 健康与营养，2016(05): 56–58.

希望每个人都能拥有
水煮蛋一般的肌肤。